東急5000系は、同社初の高性能車で、従来の電車というものに対するイメージを一新する外観・性能を備えていた。丸みを帯びた先頭部と特徴的なライトグリーン塗色から「あおがえる」というニックネームでも知られた。

1954.12.26　新丸子　P：荻原二郎

5000系の車体をステンレス製とした成り立ちの5200系。電機品と台車は5000系と同一だが、我が国初のステンレスカーという点で極めて重要な立ち位置の系列である。こちらのニックネームは「湯たんぽ」。

1958.12.16　代官山〜渋谷　P：荻原二郎

1

5000系は東横線からは1980年、東急全体では1986年の目蒲線を最後に運用を終了した。その後多数の車輌が地方私鉄へ譲渡されて比較的近年まで活躍した。　　1980.3.16　元住吉検車区　P：荻原二郎

長野電鉄では長野駅地下化に伴う輸送近代化のために計29両の5000系を譲受し、2輌編成（2500系）、3輌編成（2600系）として1998年まで運用した。　　1993.5.1　田上　P：荻原俊夫

上田交通では最初600V時代にサハ5350形2輌を制御車化したクハ290形を導入。塗色は在来車と揃えたシックなもので、切り妻の運転台からニックネームは「平面がえる」。　　1985.4.28　上田　P：荻原俊夫

上田交通は1986年の1500V昇圧で在来車（クハ290形含む）をすべて元東急5000・5200系（系列名は変わらず）10輌に置き換えた。1993年まで活躍。　　1988.6.1　上田　P：荻原俊夫

岳南鉄道は1981年に8両の5000系を譲受、系列名はそのままで在来車をすべて置き換えた。1997年に運用を終了。　　1996.12.31　須津―岳南富士岡　P：荻原俊夫

福島交通では1980・82年に計4輌を譲受し、同社デハ5000形と
した。1991年の昇圧によって他の在来車と共に東急7000系に置
き換えられた。　　　　1991.6.22　医王寺前—花水坂　P：荻原俊夫

松本電鉄では1986年の昇圧に際し、8両の5000系を譲受して在
来車をすべて置き換えた。2000年までと、本州の譲渡先の中で
は最も後年まで活躍。　　　　　　　1987.5.23　渚　P：荻原俊夫

遠く九州・熊本電鉄へも計6輌が譲渡された。うち4輌は先頭車
を両運転台化したもので新設側の運転台は切妻型であった。
　　　　　　　　　　　　　　　　1988.1.29　北熊本　P：荻原俊夫

熊本では元の東急ライトグリーンの地に明色の帯を巻いた塗色の
ほか、他の車輌に揃えた青色系塗り分けとされた時代もある。最
晩年は東急ライトグリーン一色に回帰して2016年まで活躍し
た。　　　　　　　　　　　　　　1991.8.30　北熊本　P：荻原俊夫

伊豆急行線内での落石事故により大破した伊豆急100形クハ151は、東急碑文谷工場（東横車輌）で復旧され、その際に高運転台化された。
デハ3450形に挟まれて試運転に向かうところ。
　　　　　　　　　　　　　　　　　　　　　　　　　　　　　　　1966.6.24　碑文谷工場　P：荻原二郎

まだ真新しい車体が鮮烈な伊豆急
100形5輌編成。新規開業路線に明
朗なデザインの高性能電車で伊豆
観光の新しい時代を切り開いた。
1961.12.10　伊豆高原
P：沢柳健一

伊豆急下田駅にて国鉄伊東線から
乗り入れのクハニ67と並ぶクモハ
116。　　1962.12.9　伊豆急下田
P：荻原二郎

片運転台車、両運転台車、中間車に元グリーン車など
バラエティ豊かな6輌編成を組む伊豆急100形。
1983.1.2　川奈－富戸　P：宮下洋一

学生で賑わう地平時代の都立大学駅を、デハ5046先頭の下り普通列車が出発する。駅舎内に見えるのは進行中の立体交差化工事の計画図。
1960.1.18　P：小川峯生

まえがき

　東京急行電鉄の5000形車輌は、鉄道車輌そのものイメージを一変させた。エポックメーキングなスタイルで登場し、一気に東横線のイメージをアップさせた。

　時は1954（昭和29）年10月14日。渋谷を発車した3輌編成の電車は、招待客を乗せて公式試運転としてゆっくりと元住吉に向ったのである。その車輌は、それまでの重々しい騒音を発していた電車とは、姿かたちや色彩がまったく異なるもので、振動も少なく、静かな走行音は驚きの一言であった。さらに車体の色は、もえぎ色と言われるライトグリーンである事から「雨がえる」とか「あおがえる」とかのニックネームが付けられた。

　製造を担当したのは戦後に誕生したばかりの東急車輌で、その設計には海軍出身の技術者達のアイデアが盛り込まれていたばかりでなく、技術的な裏付けもあった事から、新興メーカーのスタートを飾る事ができた。太平洋戦争で技術の進歩が止まっていた鉄道車輌業界の中で、各社が競って新しい技術を具体化しつつある時に、超軽量車体に独創的な台車、走り装置を一挙に採用した電車であったのである。この電機品は全て東京芝浦電気製で、すでに試作、試走をすすめていた直角カルダン駆動装置と電動カム軸駆動の制御装置を一挙に本格採用し、電車技術発展の一翼を担う事となった。

5000形は制御電動車デハ5000形と中間車サハ5050形のMcTMcの3輌固定編成でデビューした。初年度は2編成6輌が東横線に配属され、その後順次増備されて同線に集中配置された。輸送力増強計画に合わせて中間車デハ5100形を組み込み、さらに5輌、6輌編成へと成長しつつ車輌形式も5000形が50輌を越す事となり、サハ5050形は、5350形に改番。増結用のMcTcが登場する段階でクハ5150形も生まれ、4形式105輌が揃った。

さらに将来を見据えて、わが国最初のステンレスカー5200形3輌編成を製作という快挙を実現。電機品と台車は同一だが車体をステンレス化したもので、中間車を含めて4輌編成の〝ステンレスがえる〟も仲間に加わって、結局総勢が109輌となって東横線の急行運転に活躍したのである。

その後、5000形は車輌運用計画により田園都市線、大井町線そして目蒲線へと転用された。さらに軽量車という事から地方民鉄へも活躍の場を広げたが、現在では熊本電鉄の2輌のみが現役となっている。

本書では5000形誕生のいきさつと営業開始後の状況については宮田道一が記述。また、この車輌の技術面からの解説および戦後メーカーである東急車輌の詳細を、同社に入社し、その成長を見守って来られた守谷之男が担当した。

（宮田道一）

休日の多摩川を軽やかにカエルが渡っていく。5022－5061－5111－5021。5061は空気ばねの試験台車ＴＳ-308を履いている。
1958.5.5　多摩川園前－新丸子　Ｐ：小川峯生

東急車輛製造株式会社は戦後創設された鉄道車輌メーカーでその名前が示すように、東京急行電鉄株式会社と深い係わり合いを持っている。鉄道車輌は横浜市金沢区にある横浜製作所で製造し、国鉄・公営鉄道・民鉄或いは海外へと幅広く供給している。それでは戦後生まれの東急車輌の生い立ちをご紹介しよう。

1、1945（昭和20）年終戦の頃

（1）終戦前後の東京急行電鉄

1945（昭和20）年8月15日、第2次世界大戦は日本の連合国のポツダム宣言受諾でやっと終った。当時の日本国内は米軍の空襲による戦災を受け、鉄道関係も相当な被害を受けたほか、物資と人員の不足に加えて軍事優先の煽りで施設車輌共整備不良となり、辛うじて運行を続けていると言う状態であった。

その当時の東京急行電鉄は1942（昭和17）年陸上交通事業調整法によって東京横浜電鉄、京浜急行電鉄、小田急電鉄が合併統合し、1944（昭和19）年には京王電気軌道も合併して東京の西南地域を独占的する一大私鉄となっていた。しかし、合併したそれぞれの私鉄は設立の経緯や立地条件などから路線・施設・車輌など独自色が強く、実質的には独立私鉄の連合体のような運営が行われていた。一方、空襲による戦災で帝都線（現・井の頭線）は在籍車輌の半数以上を失うなど大きな被害を受け、緊急に小田急線の車輌を搬入するため新代田ー世田谷代田間に連絡線を設けて対応するほどで、戦後になって車輌の復旧は事業の大きな課題の一つであった。

一方、終戦によって軍隊が解体された結果、重要な武器の生産と技術開発を行っていた軍の工廠も総てその活動を中止した。そして軍事施設であったので、連合軍の直接占領管理する所となった。横浜市金沢区にあった海軍第一航空技術廠支廠もその一つで、1942（昭和17）年京浜急行金沢文庫～金沢八景間の線路に隣接して建設され、敷地面積132万平方メートル、工場建屋延べ13万平方メートル、戦争中は従業員1万2千人を擁して海軍の航空機搭載用武器や魚雷などの生産に従事していた。

終戦直後の1945（昭和20）年10月東京急行電鉄は戦災車輌の復旧工事を行うためにこの支廠の一部使用認可を大蔵大臣宛てに申請した。同年11月5日、内務省特殊物件処理委員会で一時使用が認可され、翌年1月25日には大蔵省から、同年5月13日に連合軍からもこ

の支廠の一部を東京急行電鉄が一時的に使用する事が許可された。

このように、終戦直後早々にこのような許可が出た背景には当時の東京急行電鉄の輸送状況があった。

●終戦時の車輌の状態

電車550輌、貨車266輌の稼働率は僅かに60％程度で、戦時中の補修が不十分であったのと新造車輌の補充がなかった事、加えて戦災車輌の復旧工事が極めて不十分であった事で早急に対策が必要な状況にあった。

●修理、復旧工事の対応

従来は市中の工場に依頼して行って来たが、その工場自体が戦災や資材・設備の不足などで修理能力を失っているので、何らかの対策が必要となった。

●緊急度

電車、バスなどの輸送状況は殺人的な混雑に伴い、資材難に伴う整備不良車輌による危険な運転事故が増加する一方で、緊急対策が必要となっていた。

使用許可が出て支廠内の機械類の保守作業が開始され、1946（昭和21）年2月には電鉄内に専務向笠金吾氏を委員長とする「横浜製作所創立準備委員会」が設立され、迅速に作業を進め必要があると言う理由でこの組織は社長室に置かれた。このように終戦後直ちに行動が取れたのは当時東京急行電鉄の会長であった五島慶太氏の決断による所が大であった。

2、横浜製作所の発足

（1）東急興産横浜製作所

1946（昭和21）年3月に支廠内で機械保守の作業をしていた内務省の作業団が解散となったので早急にその実務を担当する部門が必要となった。そこで支廠内に横浜製作所を設立する事とし、所長に向笠金吾氏、副所長に船石吉平氏が就任した。

同年5月18日に米軍の施設一時使用許可が出たので6月18日に操業を開始して同時に経営を東急興業に委託し、横浜製作所は東急興業横浜製作所として発足する事になった。東京急行電鉄の直営とならなかったのは、当時戦後の混乱で経営的にも困難な時期となったためとされている。

本来は3月に内務省の作業団が解散になって当然直

改修工事中の渋谷駅に入線する5000形。山手線跨線橋上にも5000形の姿が見える。　　　　　　1962.2.17　P：小川峯生

改装前の渋谷駅で顔を並べた5202と5048。後ろの東急百貨店と銀座線のガードは今も変わらない。　　1960.1.18　P：小川峯生

ちに支廠内の機械保守の作業は東急横浜製作所が担当するべきであったが、当時の支廠は米第八軍神奈川軍政部に管理されていて日本政府の措置が直ちに認められた訳ではなかった上に、支廠内の機械類は戦時賠償物資として日本政府内では東京財務局が管理していると言う事になっており、結局東京急行電鉄自身が米第八軍神奈川軍政部に改めて支廠の一時使用許可願を働きかけると言う事までしてやっと具体化出来た。

使用許可とは言っても、その目的は支廠で行っていた航空機関連の武器の生産から東京急行電鉄の電車・バスなどの輸送車輌の修理・生産へ転換する事であった。しかし実際には200人ばかりの従業員の第一の仕事は、戦時中に工場の裏山に作った防空壕（横穴トンネル）内に避難させて放置されたままの工作機械3,500台を引き出して正規の場所に設置し直して何時でも賠償物資として引き渡せるように整備する事であり、第二がこの機械類を使って武器の生産から車輌・バス復旧事業へと生産体制を変換させる事であった。とは言っても電車の修理などが直ちに出来る状態でもなく、しかも200人からの従業員の生活を守るためにも、当面やれる事は何でもやると言う事が優先となり、印刷工場ではビラ印刷の下請けをやり、市中から名刺印刷を引き受けるような仕事までやった。その上、近くの海岸から海水をドラム缶で汲んで来て電気製塩をやり、ちり紙や練炭、それに薪まで作って従業員の生活を支援するなどの事までした。

支廠の内、当面使用許可を申請したのは支廠の中で本館事務所と車輌・バスなどの修理生産に必要と考えられた部分で、土地は約27万平方メートル、建屋約7万4,000平方メートルであった。その他の地域はその後地域開発によって横浜国立大学、横浜市金沢区立中学が建設され、また隣接地は住宅地として整備されて現在は横浜市から文京地区の指定を受けている。

（2）操業開始

米軍の許可が出てから約1ヶ月後の1946（昭和21）年6月18日、東急電鉄横浜製作所設立準備委員会は発展的解消し、東急興産横浜製作所が誕生して6月25日に本格操業を開始した。これが東急車輌の本格的なスタートである。

所長、副所長をはじめ幹部スタッフ部門には多くの人材が東京急行電鉄から派遣されたが、支廠で活躍していた職員の中からも現業部門に多くの人材が採用された。大蔵省、運輸省、米軍などに提出した事業計画書に基づいて多数の機械類などを設置して操業を開始したものの、操業開始後1ヶ月間の受注高は101万1,

山手線を越え代官山に向かう5022－5061－5111－5021の急行桜木町行。

1957.12.13　渋谷―代官山　P：小川峯生

700円、生産高は15万2,000円と言う惨めな結果であった。その原因には電鉄自体の経営が困難な状態に陥っていた事もあるが、電鉄各車庫などにあった戦災車輛を持ち込めないと言う事情もあった。この事は米軍からも厳しく追及され、使用許可の取り消し勧告まで出される状態となった。そこで、もっとも手近な金沢文庫車庫（現・京浜急行金沢文庫駅構内）から戦災車輛を引き入れる事になったが京浜急行線からの引込み線がなく、現在の横浜市立大学前付近の線路まで車輛を回送して貰い、そこから道路上にコロを敷いて電車を乗せ、ウインチで工場に引き込む事になり、1946(昭和21)年9月21日に1号車が、同28日に2号車が入場した。

この2輛の戦災車輛の復旧工事開始によって、米軍神奈川軍政部から許可条件通りの操業をしていないので工場の一時使用許可を取り消すと再三の勧告・非難を受けていた事態を回避出来、その後の操業継続が認められる事になった。

しかし、当時電車を知っているのは渡辺四郎氏（元東急車輛副社長、東急電鉄出身）、吉澤四郎氏（元東急車輛専務、東急電鉄出身）、成井祐次氏（当時車輛工場長、東急電鉄出身）の3名だけで、言わば殆ど全員素人ばかりでこの戦災車輛の復旧工事に取組んだと『東急車輛30年史』にも記されている通り、手探りと資材不足の中でとにかく操業が始まった。同時に車輛の引込み線と工場間で車輛を移動させるトラバーサーの設置工事も進み、同年暮れには車輛工場としての体制が整った。更に既存設備を使った車輛の部品関係の生産に取組み、1946(昭和21)年には国鉄からEF58形電気機関車の先台車枠を受注するまでになった。一方戦災復旧車輛の工事は1947(昭和22)年に入ると3月に1輛、6月に2輛と運輸省からの払下車輛6輛と順調に増加した。

他方、もう一つの事業の柱として計画したトラック・バスの修理生産は鉄道車輛の見通しが付いた1946(昭和21)年10月に伊与部倉吉氏（東急電鉄出身）を工場長に自動車工場を開設した。1947(昭和22)年1月、100台以上の米軍払下上陸用舟艇を解体し、そこから発生する部品を利用してGMCのトラックを修理整備して鉱工品貿易公団に納入、そのトラックは民間の輸送業者に払下られてトラック輸送の復興に使われた。この仕事で自動車工場にも活気が出て来た。同年6月には上陸用舟艇を解体し、シャシーフレームを延長改造の上、このシャシーの上に目黒ボデー会社でバスボデーを架装して45人乗りバスとして東急電鉄に納入した。これに引き続いて12月には自社でバスボデー事業に乗り出し、東急電鉄、国際興業、関東バスなど

にも納入を開始した。

3、東急横浜製作所の独立

順調にスタートした東急興産横浜製作所であったが、連合軍の指令による1946(昭和21)年に始った軍国主義者（主として職業軍人）の公職追放が、1947(昭和22)年1月には戦争中の経済界・言論界・地方公務員などに拡大適用される事となり、東京急行電鉄会長である五島慶太氏は戦時中に閣僚であったため公職追放の対象者となり、東京急行電鉄会長を辞任する事態となった。更に連合軍の改革は1948(昭和23)年経済活動における集中排除法の実施となり257社が指定されたが、最終的には日本製鉄、三菱重工など18社が事業・地域別に分割される事で収まった。

（1）東京急行電鉄の再編

東急電鉄は公共輸送機関としてこの集中排除法の対象にはならなかったが、会社自体が戦時中に旧東横電鉄・京浜電鉄・小田急電鉄・京王電気軌道を統合して出来たものであり、それぞれ旧会社別に改めて自主独立を諮ろうとする気運が強くなっていたので、五島慶太氏自身も旧4社の独立を認め、また、分社独立に際しては単に元の事業体制に戻すのではなく、旧4社の事業を基礎に東京急行電鉄の事業を再編成して独立する4社の事業展開が順調に進むようにと計画された。帝都線（井の頭線）は小田急電鉄から京王帝都電鉄へと移り、小田急電鉄には箱根登山鉄道と神奈川中央乗合自動車が加わるなどの調整が行われ、1948(昭和23)年6月1日に新しく東京急行電鉄、京浜急行電鉄、小田急電鉄、京王帝都電鉄の4社が誕生した。

（2）東急横浜製作所の誕生

東急興産横浜製作所は操業1年にして見通しが立って来たので、1947(昭和22)年7月に東急興産への委託経営を解除して東急電鉄直営として東京急行電鉄横浜製作所となった。1948(昭和23)年6月1日に東京急行電鉄は再編されたのとほぼ平行して同年6月23日に横浜製作所の独立のための新会社発起人が決定した。

発起人は、井田正一（東京急行電鉄社長）、三宮四郎（京王帝都電鉄社長）、沢勝蔵（小田急電鉄専務）、上田甲午郎（京浜急行電鉄専務）、大川博（東京急行電鉄専務）、矢板豊一（横浜製作所所長）、神津康一（横浜製作所副所長）、大塚秀雄（横浜製作所総務部長）の各氏で、発足早々の4電鉄の代表者が網羅されていた。そして基本方針として、米軍神奈川軍政部の意向を十

分離酌して旧東急電鉄全線の車輌復興を柱に、再編後の4電鉄が車輌整備の仕事を発注し、そのための資金面での共同支援を行なう事などが基本方針として確認された。資本金2,500万円は東京急行電鉄4、京浜急行電鉄3、小田給電鉄3、京王帝都電鉄1の比率で出資する事も決まった。

同年8月19日、東京急行電鉄の会議室で設立総会が開催され、取締役に矢板豊一、神津康人、大塚秀雄、五島昇、渡辺四郎、古野博、池田歴蔵、矢島達、浜田

輝吉、監査役に山本孚、大塚長一郎の各氏が選任された。そして同月23日、設立登記が完了し、ここに資本金2,500万円をもって株式会社東急横浜製作所が設立され、社長に矢板豊一氏、専務取締役に大塚秀雄氏が就任した。東急車輌では8月23日を創立記念日としている。

創立当時の1948（昭和23）年8月時点で、事業規模としては月間生産実績819万8,800円、従業員数は事務員109名、技術員45名、現業員656名、合計810人であっ

昭和29年初秋の東急車輌、完成間近の青ガエル。5001（左）と5002（右）。

た。

（3） 創業時代の苦悩・ドッジ旋風

　1948（昭和23）年8月に株式会社東急横浜製作所が発足した年の10月、戦後の超インフレの煽リを受けて内閣が交替して第2次吉田内閣となった。11月には東京裁判が結審してA級戦争犯罪人中、東条英機氏はじめ7人の有罪判決が決まり12月には死刑執行とその他容疑者の釈放が行われると言う騒然とした社会情勢で

1954.9.7　P：荻原二郎

あった。戦後のインフレは衰えを知らず、遂に連合軍総司令部（GHQ）から極めて厳しい経済政策の執行を迫られる情勢となった。1949（昭和24）年の政府予算はGHQの経済顧問に就任したジョセフ・ドッジ博士の提案に従い超均衡予算となり、さしものインフレも収束して行ったが、世に言うドッジ・旋風と呼ばれたこの政策の結果、政府と政府関連機関の支出は大幅に削減されて中小企業の倒産が続出した。東急横浜製作所は車輌修繕事業の評価も高まり、国鉄からも月600万円の修理工事実績を上げていたが、1949（昭和24）年4月に入ると国鉄からの修理工事がストップする事態となった。同年7月には労働組合のストライキを引き起こし、賃金カットと希望退職を募集する所まで追い込まれた。結局会社と組合との協議の結果、全従業員の1/3に当る300人の希望退職者を出し、賃金の引き下げによって収束する事態になった。

（4） 新型車輌の生産に取組み湘南電車の受注

　創業以来、車輌修繕を中心に事業の展開を進めて来たが、国鉄からの発注停止後は親会社である4電鉄に経営支援を求め、1949（昭和24）年8月には大川博氏（東京急行電鉄）、上田甲午郎氏（京浜急行電鉄）、沢勝蔵氏（小田急電鉄）、井上定雄氏（京王帝都電鉄）、木下久雄氏（東京急行電鉄）の各氏を経営陣に招聘した。

　1949（昭和24）年2月、小田急電鉄からサハ1960形電車の改造車輌の発注を受けた。この車輌は改造とは言っても、台枠を使用して車体をほぼ新製すると言う事実上の新造車で8月に完成納入した。この車輌は戦後小田急初の箱根行きロマンスカーとして使用された。引き続き4月に東京急行電鉄から玉電用デハ80形2輌を受注し1950（昭和25）年1月に納入した。この車輌は路面電車ではあるが東急横浜製作所としては記念すべき新造車輌の第1号であった。同時期に京浜急行電鉄からデハ420形を2輌受注し翌1月に納入した。このようにして親会社である4電鉄からの新造車輌の発注を受けて車輌メーカーへと発展して行く。

　当時のGHQによる占領政策は色々な点で影響が出ていて、国営事業の中で現業部門は政府機関と切り離されて独立した事業体制を取り公共事業体となった。国鉄も1949（昭和24）年6月1日に独立採算制の日本国有鉄道（JNR）となった。そして、独自の経営戦略を採用する事も可能となり、研究を続けていた近郊列車の電車列車による近代化と経営の効率化が実現の運びとなった。これが湘南電車である。しかも短期間に電車を整備する必要性から原則公開入札方式で多くの

メーカーに編成単位で発注する事になった。東急横浜製作所もこの機会に国鉄車輌のメーカーに参入する事を計画し、湘南電車の研究と営業活動を続けた結果、1949（昭和24）年9月に湘南電車（80系電車）第一次時発注73輌の中から4輌1編成の受注に成功し、その他ワキ形貨車10輌を受注した。湘南電車4輌は1950（昭和25）年2月13日社内で完成式典を行って納入された。国鉄から新造車輌の受注は初めてで、これで念願の新車メーカーとして仲間入りが出来た。

　湘南電車は1951（昭和26）年には18輌を受注納入した。この当時の生産工場は国鉄の大井工場を含めて11工場であったが、現在車輌生産を続けているのは東急車輌を含めて6工場となってしまった。

　そして、東急横浜製作所設立当初から営業部門の先頭に立っていたのが若かりし五島　昇氏（元・東京急行電鉄会長・日本商工会議所会頭）であった。

（5）朝鮮動乱と特装自動車

　鉄道車輌部門が先輩車輌メーカーの中に加わって健闘している中、1950（昭和25）年6月に朝鮮動乱が発生した。連合軍の兵站基地としての日本にはいわゆる朝鮮動乱特需が起きて産業界はドッジ旋風で景気が停滞していたのが一気に活性化した。東急横浜製作所は立地条件から在日米軍横浜兵站司令部（YED）と各種トレーラーの整備契約を結んで整備指定工場となった。11月には大量の大型トレーラーが搬入され整備作業が開始された。ここでは徹底した米軍による作業管理、品質管理が行われ、いわゆる米国式の生産体制が叩き込まれ、技術の習得と共にそれ以降の特装自動車部門の基礎が作られた。また、いすゞ自動車、トヨタ自動車などが連合軍から受注したトラックの架装工事を受注し特装自動車部門の事業が拡大した。

（6）活況の鉄道車輌部門

　朝鮮動乱で産業界が活況を呈する一方、その影響から1951（昭和26）年の国鉄予算も活況を示し、東急横浜製作所も国鉄から200輌を越す貨車の受注を受ける事になり、車輌部門にも大きな恩恵をもたらした。また、米第八軍からは朝鮮で使用する貨車79輌を受注納入した。

　この1951（昭和26）年、新年度早々の4月24日午後1時、桜木町駅構内で63形電車が架線切断のショートが原因で火災発生死者106名を出すと言う大惨事が発生した。直接の原因は垂れ下がった電車線にパンタグラフが絡んで電車線が屋根に接触短絡して発火した事故であるが、電車の内装が総て木材でしかも側窓は3段式で中段が固定され開口部が上下のみと小さく、側引戸の開閉は空気式で手動開閉が出来ないなど車輌の構造上車内から逃げ出す術がなかったため多数の犠牲者を出す事態となった。事故後の緊急対策として車輌工場が動員され同形電車の緊急改造工事が行われ、東急横浜製作所も東京近郊の車輌工場として227輌の改造工事を担当した。また、この年から国鉄は機関車・電車・客車・気動車・貨車など車種別に車輌メーカーを専門化して技術と生産性の向上を図る政策を採用する事になり、東急横浜製作所は客車・気動車を中心とする車輌メーカーを志向した。

　1951・1952（昭和26・27）年にかけては新造車輌の生産が急増し、車輌メーカーとしての基礎固めが進んで行く時期であった。1951（昭和26）年の新造車納入実績は国鉄の電車・客車16輌、京浜急行の電車4輌の計20輌に過ぎなかったのが1952（昭和27）年には国鉄の客車30輌・気動車8輌、親会社である4電鉄の電車25輌、計63輌となった。

4、東急車輌製造株式会社へ

　東急横浜製作所の事業が軌道に乗りつつある時期、1951（昭和26）年8月連合国との講和条約が締結され、これを期に占領政策の一環であった公職追放令も解除され、1952（昭和27）年5月に五島慶太氏が東京急行電鉄の取締役会長に復帰して再び事業展開の先頭に立った。

　1951（昭和26）年の秋、公職追放を解除されたばかりの五島慶太氏は、東京急行電鉄の新しい事業展開のために当時国鉄資材局長であった吉次利二氏の東京急行電鉄への招聘を働きかけ、そして吉次氏は1952（昭和27）年5月の東京急行電鉄株主総会で取締役に選任され専務取締役に就任した。さらに同年7月には東京急行電鉄専務取締役のまま東急横浜製作所社長に就任した。

（1）吉次社長の就任と東急車輌製造株式会社

　吉次社長は就任に当たり、五島会長に東京急行電鉄の車輌は総て東急横浜製作所に発注する事を要請し、その上で

・国鉄、私鉄を問わず車輌メーカーとしてのシェアー

●1949（昭和24）年からの3年間の部門別売上高

	鉄道車両	特装自動車	合　計	対前年比
1949年	143,265（千円）	29,773（千円）	173,038（千円）	－
1950年	223,486	53,326	276,812	160.6
1952年	481,206	88,729	569,935	205.9

新造の5000形は東急車輌から京浜急行逗子線の3線レールを経て、国鉄逗子へと運ばれた。先頭は進駐軍が持ち込んだ8500形DL。　　　P：宮田道一

拡大が重要で、総体の発注量は限られているので技術と努力で競争に勝ち抜きより大きな受注を勝ち取る以外に生き残る道はない。
・車輌以外の分野へ積極的に進出して経営基盤の強化をはかる。車輌だけでは景気の動向がそのまま会社経営の根幹に響くので、車輌と並ぶ有力な製品分野を開拓して2本の柱で経営の安定化を図る。
・積極的に海外に目を向け、海外技術の取得と共に製品の海外輸出を志向する。
を基本政策として実現をはかって行く考えを表明した。
　その上で国鉄から技術部門に中井秀雄、財務部門に安部秀穂、営業部門に森　重雄の各氏を招聘して各分野の責任者とし、東京の営業拠点を整備するなど着々と体制作りを進めた。そして、新しくこれからの車輌メーカーとして伸びて行こうとする決意を「車輌」に、また新造車輌メーカーとしてのイメージをはっきりさせるために「製造」を加えて1953（昭和28）年2月6日に社名を東急車輌製造株式会社に変更した。

（2）株式の公開と土地建物の払下げ

　4電鉄に支えられての事業展開であったが、独立した事業会社として株式の公開が決意された。既に事業

●払下げを受けた資産

土地		269,547㎡
建　物	鉄骨造	62.02 ㎡
	木　造	11,77 ㎡
工　作　物		一　式

の拡大に伴い、創業時の資本金2,500万円は1億円となり、1953（昭和28）年5月東京株式市場店頭銘柄として様式を公開した。もともと、土地と建物は元海軍第一航空廠支廠であった関係から占領軍の賠償施設に指定されていたが、1952（昭和27）年に賠償指定解除となり大蔵省の管理下の国有財産となった。これを機会に占有使用部分の払下げ申請を行い、1953（昭和28）年12月には払下げ納付金準備のため資本金を2億円に倍額増資を行い、1954（昭和29）年3月に払下げが確定した。これと前後して各種機械装置関係も払下げを受け、総て自前の資産で会社運営が出来るようになった。

（3）鉄道車輌の生産

　1950（昭和25）年以降は新造車輌を積極的に受注する努力を続け、国鉄の湘南電車（80系）や横須賀線電車（70系）を始め親会社4電鉄の新造車輌などの実績

15

を積上げて来た。1950（昭和25）年から1953年までの新造鉄道車輌の生産実績は次の通りとなっている。

●新造旅客車生産実績

1950（昭和25）年
　　国鉄：80系湘南電車14輌、スロ51客車5輌
　　京浜急行：420形2輌
　　東急電鉄：玉電80形2輌
　　計23輌（その他貨車42輌）

1951（昭和26）年
　　国鉄：70系横須賀線電車3輌、スハ43客車5輌
　　　　　80系湘南電車8輌
　　京浜急行：500形4輌
　　計20輌（その他貨車262輌）

1952（昭和27）年
　　国鉄：オハ61客車30輌、キハ07気動車5輌
　　　　　キハ09気動車3輌
　　東急電鉄：玉電80形5輌、3850形5輌
　　京浜急行：550形3輌、290形4輌
　　京王帝都：1800形3輌、1300形5輌
　　計63輌（その他貨車93輌）

1953（昭和28）年
　　国鉄：オハ61客車10輌、スハ43客車5輌
　　　　　72系電車15輌、キハ17気動車6輌
　　東急電鉄：3800形2輌、3850形7輌、3550形2輌
　　　　　玉電80形10輌
　　京浜急行：600形4輌、290形2輌
　　小田急：1650形3輌、1900形2輌
　　京王帝都：2700形6輌、デニ2900形1輌
　　計75輌（その他貨車64輌、ＤＬ2輌）

1954（昭和29）年
　　国鉄：スハ43客車5輌、オハフ61客車20輌
　　　　　キハ01気動車4輌、キハ17気動車19輌、
　　　　　キハ16気動車5輌、キハ18気動車16輌、
　　　　　モハ72系電車5輌
　　東急電鉄：5000形12輌、3360形2輌
　　小田急：2100形2輌
　　京王帝都：2770形7輌、2910形電動貨車2輌
　　相模鉄道：2000形2輌
　　東武鉄道：キハ2000形気動車3輌、78形電車2輌
　　営団地下鉄：1500形1輌
　　上信電鉄：クハニ10形1輌
　　計108輌（その他貨車70輌）

（4）技術研究会の創設

　創業を開始して5年程の間に、国鉄をはじめ4電鉄

の新造車輌を手がけて来たとは言いながら、戦前派の先輩メーカーに比べて技術の蓄積と経験では比較すべくも無かった。何をおいても技術力の向上が必須であるとの認識で、1953（昭和28）年1月に全技術系社員を網羅した技術研究会が設立され、同時に技術研究室が設置された。その半年後には機関紙『東急車輌技報』が創刊された。ザラ紙にガリ版刷り、写真もないと言う簡粗な物ではあったが、自らが切り開いて行かねばと言う気力の溢れた第1号の技報で、吉次社長からは研究を進める事と研究成果を纏めて発表する事の努力を求めた上で、或る人の言を借りてドイツ人とドイツ社会の優れた点を述べた上で「我々も宝石でなくてよい、真珠でなくてよい、会員が強い結合力を持ち、互いに携えて研究に努力することが最も大切であります」と発刊にあたっての辞が寄せられ、大塚専務からは、何事も追いつき追い越せの信条、技術部門と製造部門とは車輪の両輪の如く一体でなければならない、綿密な計画と果敢な実行が必要、と延べた上で「百尺竿灯一歩を進める御努力を願う」との言葉が寄せられている。

　実際この時点で、東急車輌の独自開発設計の新造車輌は常総筑波鉄道に納めた20トン機械式ディーゼル機関車に代表される程度で、多くは国鉄はじめ発注先からの支給図面や先輩メーカーとの共同設計であった。

（5）東急車輌新設計車輌第1号
東急電鉄超軽量高性能電車5000形

　東京急行電鉄は東横線の輸送改善のため1952（昭和27）年に600Ｖから1,500Ｖへの昇圧工事を行い、同時に急行運転にも使える軽量高性能電車5000形の計画を立案した。この電車の開発・設計・製造を全面的に東急車輌が担当する事になった。

　技術面では国鉄技術研究所の協力を受け、全体取り纏めについては東急電鉄の全面的なバックアップを受けて1954（昭和29）年10月に完成した。

　また、1954（昭和29）年は幹部社員として大学卒業者の定期採用を開始した年でもあり、吉次社長が意図した車輌メーカーが序々に具体化しようとしていた。

　既に国鉄の近代化の一環として無煙化が進められており、電化の推進と共に非電化区間では客車列車の気動車化やディーゼル機関車化が進められていたが、閑散区間用として小型の気動車の開発が計画された。ドイツのシーネンオムニブスに範をとり、国産技術での開発が計画され東急車輌でこの開発試作に取組んだ。大型バスで使用されていた横型ディーゼルエンジンを使い、高速貨車で開発された2段リンク方式の2軸車

で、軽量化を第一として基礎ブレーキにも自動車と同じドラムブレーキを採用した。

この他にも東武鉄道から支線用の気動車、仙北鉄道から小型気動車を受注するなど次第に設計を伴う新造車輌の受注が増えて行った。

（6）特装自動車部門

朝鮮動乱特需で活況を示していた特装自動車部門は、米軍YEDから発注の修理を土台に、1952（昭和27）年

●1952（昭和27）〜1954年特装自動車部門売上

	売 上 高	対前年比
1952年	150,368千円	169.5%
1953年	557,978	371.1
1954年	519,767	93.2

●1951（昭和26）〜1954年鉄道車両部門売上

	売 上 高	対前年比
1951年	481,206千円	215.3%
1952年	871,197	181.0
1953年	1,071,797	123.0
1954年	1,228,734	114.5

には設計部門を新設して独自の設計に基づく純国産の重トレーラーの生産に乗り出した。その年の12月には10トントレーラー6輛が保安庁（現：防衛省）に納入された。その後も現在の陸上自衛隊の整備時期にあたり、1954（昭和29）年までに20トン大型トレーラー142輛、10トントレーラーなど106輛、1トン水タンクトレーラー339輛など合計980輛を納入する実績を挙げた。

このようにして、東急車輌製造株式会社は戦後生まれの車輌メーカーとしての第一歩を歩みだした。

東急車輌で完成時の5000形。まだ検査標記も記入されていない生まれたばかりの姿である。

所蔵：宮田道一

それまで東横線の追い越し駅は日吉のみであったが、スピードアップ計
画に合わせて自由ヶ丘駅を島式2線から2ホーム4線とする改修工事を
開始、左側の旧ホームに対し、下りホームを仮設拡張して工事を進めた。

1958.11 自由ヶ丘 P:宮田道一

第二章　超軽量電車5000形の開発と改良

　1950（昭和25）年6月に始まった朝鮮動乱も1953（昭和28）年7月に休戦条約が締結されて一段落した。1945（昭和20）年8月15日の終戦以来経済復興の努めてきた国内経済にも新しい動きが見られるようになって来たのもこの頃であった。

　大都市圏の通勤電車は戦争災害と資材の不足に苦しんでいたが、少ない資材を有効に使って輸送力の回復に努めると言う政策の下で、運輸省が決めた形式の車輌しか新製が認められず、国鉄の63形電車の供給を受けたり、戦災車輌の復旧車輌を使ったりして輸送力の回復に苦労していた。曲がりなりにも新造車輌が投入されるようになったのも昭和25・26年頃であった。その一方で、欧米諸国の鉄道技術が紹介されるにつれて、新技術や新材料を使った車輌と車輌関係機器の研究開発も進んできた。その中には戦争中に航空機関係に携わっていた技術者の新しい技術感覚も加わり、技術開発が促進されると言う一面もあった。

　1951（昭和26）年2月、小田急線相模大野〜相武台前で東芝直角カルダンTT-1、日立クイルKH-1と釣掛式歯車の3方式の駆動装置の比較走行試験が行われた。これが我が国でカルダン式駆動装置の車輌が本線上を走行した最初であった。これを契機に、1952（昭和27）年にかけて阪神電鉄では1130号車に東芝直角カルダンTT-2を、阪急電鉄では705号車に東芝の平行カルダンと東洋TDカルダンを装備しての試験が行われた。

　一方、1953（昭和28）年になると、車体の軽量化を図った京王帝都2700、近鉄2250、小田急2100、京成700、南海11001などが登場してきた。具体的には、京王帝都2700系は従来の普通鋼材SS41に替えて高抗張力鋼SS55を使用して構体重量を1.4t軽量化した。また、近鉄2250系では台枠の構造の見直しや構体組立方法の改善で総重量を56tから49tに軽減するなどの成果を挙げたと報告された。

　このような動きの中で、1952（昭和27）年、東急電鉄では東横線の輸送力増強と急行運転再開に備えて軽量高性能電車の開発が計画され、東急車輌・東芝・日本エヤーブレーキを中心としたメーカーで検討が始った。中でも東急車輌は、系列会社とは言いながら、1946（昭和21）年9月に戦災電車の復旧工事を始め、1948（昭和23）年8月に独立会社となった戦後の車輌メーカーである。東急電鉄からの超軽量車体と台車の開発を要請された同社は国鉄技術研究所の全面的なバックアップを求めた結果、構体は航空機の機体と同様な構想の張殻構造を採用した普通鋼の溶接組立とし、

いよいよ完成、元住吉検車区で試運転準備中の5001－5051－5002。　　　　　　　　　　1954.9.27　P：高井薫平

20

昭和29年10月14日の5000形公式試運転では東京急行電鉄の五島　昇社長と東芝石坂泰三社長も超軽量車の乗り心地を楽しまれた。　　　所蔵：宮田道一

台車は基本構造の見直しをして揺れ枕を廃止し側受けて車体の全荷重を受け、更に台車枠に高抗張力鋼を使用するなどして、軽量化に取組む事になった。

そして、計画から2年余を経て誕生したのが「超軽量高性能電車」と称する5000形である。

この5000形は電鉄の経営という面からも期待されていた。即ち、軽量化については運転の消費電力量が大幅に低減出来ると試算され、高性能化については加速度・減速度の向上で消費電力の低減がはかれる事と発電ブレーキで制輪子の磨耗が減少して消費量の削減と制輪子調整作業の減少で大幅な経費低減が出来ると試算された。その結果新造費用では1編成当り300万円程多く掛るが年間63万円の経費節減が見込める経済電車だと説明された。

1954（昭和29）年10月に登場した当初は3輌固定編成であったのが、4～6輌編成までに長大化し1960（昭和35）年までに105輌、5000形と全く同性能のステンレス車体の5200系4輌を加えた合計109輌が製造された。

デビューした当時に大きな話題となった5000形ではあるが、新構想と新技術の結集であるが故に、予期せぬトラブルや実用上での問題点などが発生した。しかし、関係者一丸となって解決をはかり100輌を越す量産車輌として当初の期待にこたえる高性能電車となった。

1964（昭和39）年まで東横線の主力として活躍したが、ステンレス車輌の量産体制が整い輸送力増強に20m車の導入が決定されるにおよび、その後は大井町線への転用が始まり、1977（昭和52）年には長野電鉄への譲渡が行われたのを皮切りに福島交通・岳南鉄道・熊本電鉄・上田交通などへの譲渡が行われた。東急電鉄では1986（昭和61）年6月18日でその活動を終えた。軽量高性能通勤電車の一時代を築いた代表的な存在としてのTKK超軽量高性能5000形の誕生からその構造性能の特徴などの全容をご紹介しよう。

1、概要

5000形の目標は

1、徹底した**軽量化**

2、東横線で普通、急行の運転に使える**高性能**

3、総合的な**経済性**

であった。

車輌の構成は東横線で使用する条件から3輌の固定編成Mc＋T＋Mcとなった。

当時の私鉄経営協会標準電車L-3Lに準拠して車体長さは18m・3扉・ロングシートとした。

車体は軽量化のために航空機の機体と同様な張殻構造とし、骨組や外板は最も一般的な普通鋼板を使用す

る事になった。これはごく一般的な材料を使用しても構造を合理化する事によって軽量化し得るし、製造技術の上からも特殊材料を使用するよりコストの面では有利と判断された。

一方、台車は私鉄経協会標準台車N17‐R24に準拠し、構造とシステムは全面的に見直して、車体荷重を側受で支持する全側受支持方式、揺れ枕装置を廃して枕バネの横剛性で復元力を得ようとする思い切った方式が採用された。台車枠は高抗張力鋼板を使用した鋼板プレス溶接組立式として重量の軽減を図る事になった。

制御装置や電気装置は軽量化と高性能化の目的から、主電動機は直角カルダン駆動の高速モーターと多段式制御装置で発電ブレーキを常用する電空併用ブレーキで高加速・高減速を重視した。また、車輛の暖房装置は起動とブレーキの際に発生する主抵抗器の冷却風を車体に取り込む方式とした。空気ブレーキ装置は発電ブレーキと併用で指令したブレーキ力に対して電気ブレーキの不足分を自動的に補う装置とした。

軽量化はあらゆる面で配慮していて、側引戸、腰掛の枠、側窓の枠、運転室のキセなどはアルミ合金が使われている。見えない部分でも台枠の下や車体の内部の配線用の配管は従来の鋼管からビニール管に替えている。

その一方では、乗り心地の改善と走行騒音の低減に効果があるとの見方で、弾性車輪を試験的に採用している。

完成した5000形の重量は電動車で従来の3800形の38.3 tに比べると28.05 tと31％も軽量化となった。また、同じ運転条件ならば軽量化によって電力消費量が20％低減出来、発電ブレーキを使用する事でブレーキ制輪子の消費量が1／7になると期待された。

1954（昭和29）年から製造が始まった5000形は使用実績に基づいた改良を続けながら毎年増備が続き、1957（昭和32）年からは4輌編成とするために運転台のない中間M車の製造が始まり、1959（昭和34）年には5～6輌編成とするためのMc＋Tcも製造され、1960（昭和35）年までに105輌が製造された。また、1958（昭和33）年12月には5000形と全く同じ機器と性能で車体をステンレスとした5200形3輌が、翌59年には中間M車1輌が製造されたので5000形ファミリーとしては109輌となった。

2、張殻構造の車体

航空機の胴体と同様な張殻構造を採用すれば合理的な軽量構造として軽量化が図れることは明らかだが、車輛は車輛限界の規定を守り、乗客のための諸設備と構造を備え、電車では更に走行のための動力装置も備えなければならないので、これらの制約条件の中でどのように張殻構造を実現するかが大きな課題となった。最初に考えられたのが床・台枠部分は平にして、側から屋根にかけては出来るだけ円筒形に近い断面形状で車輛限界を有効に生かせるような断面形状であった。

一方、車体の長さについては当時私鉄経営者協会で標準車輛の案が作成されつつあったので、連結妻間18 m、台車中心距離12mの片側3扉ロングシートの規格を適用する事になった。

ここで設計の検討に入ったが、側が曲面で構成されていては側窓と側引戸の構成が難しいので、出来る限り張殻構造の趣旨を尊重して側窓とそれに関係する部分を平面とした車体断面とする事になった。骨組関係は軽量化のために既成の形鋼ではなく、鋼板をプレス成形して骨組とする事になり、しかも骨組の強度に影響のない部分には軽量穴を開けて軽量化を図ると言う徹底した方法を採用した。そして、台枠の横ハリ、側柱、屋根垂木は同一面に配置して一つのリングを形成するように配置し、車体に掛る荷重がスムースに車体全体で無理なく受けられるよう配慮した。また、側柱の下部は350mmの曲率半径の円弧とし、更に柱の厚みをこの曲面部分で増加して台枠の側梁に接続する設計とした。その後数多くの軽量構造車体が開発されているが、このような構造は5000形だけだと思う。

屋根とは200mmの曲率半径で長桁と結合した。軽量化のために出来る限り薄板を使用する事にし、外板は1.6mm、側柱は2.3mmのプレス加工と言うように大体従来の車体より一回り薄い板を使用し、車体の強度試験をして不十分ならば補強をすると言う方針で進められた。また、連結器ハリや枕ハリのように荷重が集中する部分には高抗張力鋼板を使用して軽量化に務めた。車体の強度試験をした所、側柱と台枠の側梁の結合部に荷重が集中する事が解ったので補強を追加したが、その

●新旧電車の重量比較表（単位：kg）

項　目	軽量車 デハ5000形 （車体長さ18m）	在来車 デハ3800形 （車体長さ17m）	軽減量	軽減率 （%）
車　体	8,800	13,300	4,500	33.8
台　車	9,000	11,600	2,000	22.4
主電動機 駆動装置	2,420 1,800	6,300	2,080	33.3
機器および艤装	5,280	6,400	1,120	17.5
その他	750	700	＋50	＋7.1
全重量	28,050	38,300	10,250	26.8
車体長さ1m当り	1,560	2,200	700	31.0

桜咲く春の多摩川園前。多摩川に至る急カーブを下り列車の5020号が行く。

1962.4.9　多摩川園前－新丸子　P：小川峯生

他には問題点はなかった。

　固定編成としたので、運転台は全室式で大型ガラス2枚を使った明るいデザインとした。連結妻は広幅の貫通路を設けて妻引戸を廃止し、両側に幅の狭い妻窓を設けた。

　製造段階でも従来にない構造であったので苦労した点が多かったが、側柱の製作段階では下部の曲面部の加工に苦労した。また、従来車に比べて台枠の幅が狭く全体に華奢であったので車体を組立てる時の手順には気を遣った。車体の外板も薄いので溶接の熱や組立

上の写真のポイントからふり返ると多摩川の鉄橋。2連のトラス橋を5019号が去っていく。1962.4.9　多摩川園前－新丸子　P：小川峯生

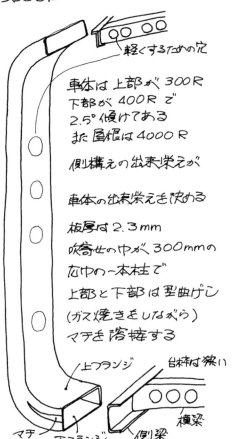

5000形の側柱は手造り

軽くするための穴

車体は上部が300R
下部が400Rで
2.5°傾けてある
また屋根は4000R

側構えの出来栄えが

車体の出来栄えを決める

板厚は2.3mm
吹寄せのゆが300mmの
なかの一本柱で
上部と下部は型曲げし
（ガス焼きをしながら）
マチを溶接する

上フランジ
台枠は狭い
マチ
下フランジ
側梁
横梁

時の歪みなどが出易く組立作業には神経を使った。外板の強度上問題はなかったが、製造段階での作業性を向上させ外観上の出来栄えを向上させるために1955（昭和30）年製から外板を1.6㎜から2.3㎜に変更した。この張殻構造の車体は玉電200形にも引き継がれた。

3、内装・設備

構体の軽量化と平行して車体の内装や設備品なども細かく軽量化の検討が行われた。

基本的にはアルミ合金材料を使って軽量化を行う事となった。

（1）内装

従来の車輌の内装では合板の塗装が多かったが、軽量化とメインテナンスの点から、天井板はアルミ合金板とし天井垂木にタッピンネジで取り付け、仕切りや側の吹寄せには合板に化粧樹脂板（デコラ）を張りつけた化粧板を使用した。また腰掛の背摺ずり裏面の側部はアルミ合金板を張りつけた。外板と内張板との間には防音と断熱のためにフェルトの断熱材を張り詰めた。内張の合板＋デコラはその後に開発されたアルミデコラ板を使用するように変更した。

床は台枠の上面に1.6㎜の鋼板を溶接し、その上に合板を敷詰め更に樹脂製の床敷物を張り付け、出入口部には耐摩耗性の敷物を張り詰めた。しかし、合板は水分を吸収して腐食する事が判明したので、床上面の鋼板の板厚を2.3㎜として合板を撤去して直接床敷物を敷詰める構造に変更した。

乗務員室の内装は客室に準じているが、軽量化のために運転室機器キセや仕切などはアルミ合金の骨組と板で構成した。

（2）窓・戸

側窓はアルミ合金製のユニット構造で窓枠もアルミ合金製で車体にネジ止めする構造として軽量化と組み付け工事の簡素化をはかった。窓は2段窓で上窓下窓共に幕板内に収まる完全上昇式で開口部は窓一杯となる。カーテンはサランネットの巻上式で案内溝島を省略して簡単な留金を外窓枠にネジ止めした構造とした。

側引戸は軽量化のため全アルミ合金の溶接構造とした。また、車体断面に合わせて下側が車体の内側に円弧を描いてカーブしているので、車輌の内側から押された場合にも十分耐えうる強度が必要で、このために

荷重試験で強度の確認をした。ガラスはアルミ合金形材をネジ止めして押さえる方式とした。また、側引戸下部が内側に湾曲しているので、混雑時に靴で踏みつけられて開閉に差し支える事もあり、対策として軽量形のEG-101EZ形戸閉機を従来から使用実績のあるTK-4形に交換した。

乗務員室の側開き戸もアルミ合金製とした。妻窓と運転室・客室の仕切り窓も側窓に準じた構造とした。

営業運転に入ってからカーテンが外れやすい、窓隅から雨水が侵入するなどの問題があり、カーテン溝島金具を追加し外窓枠ユニットの取り付け方法を変更するなどの対策を講じた。また、扇風機の設置に伴い窓の完全2段上昇方式を見直すなどの事も行った。

（3）腰掛など

腰掛はアルミ合金の枠を用い、金属ばねを使ったクッション装置を採用し、軽量化と座り心地の改善に努めた。軽量化のため、腰掛枠とケ込み板もアルミ合金材としている。この結果、従来の腰掛に比べて20%強の軽量化がはかれた。

吊手・荷棚のブラケット類はアルミ合金鋳物で、吊手棒・荷棚枠・握り棒などはステンレス被覆の鋼管とした。

4、連結装置

固定編成で他の車輌との連結運転は考慮せず、連結器も軽量自動密着連結器を採用した。緩衝装置を含めて、従来の自動連結器装置より約20%の軽量化がはかれた。

5、暖房装置

省エネと主抵抗器の小型軽量化のために、主抵抗器を外箱に収め、電動発電機軸の両端に取り付けた送風機（シロッコファン）で強制冷却し、その排風を室内に導入して室内暖房とする全く新しいシステムを採用した。しかも冷却用の空気を冬季は室内から取り入れて暖房効率を上げるようにダクトを構成した。その後に運転室の暖房もこの温風を引き込むようにダクトを追加した。当初は暖房効果もほぼ期待した程度に確保出来た。

しかし、室内→主抵抗器箱→送風機→室内と循環する方式では循環経路の空気抵抗が予想以上に大きく空

◀ （前頁）改修工事中の自由ヶ丘駅仮ホームを発車する5027号。車輌とホームとの間合いが身体が吸い込まれそうな間隔だが、当時はこれで容認されていたのだった。　　　　　　　　　　　　　　　　　　　　　　　　　　　　　　　　　　　1958.11　P：宮田道一

25

気の循環量が不足して主抵抗器が過熱する現象が起き
たため、送風機をシロッコファンからプロペラファン
に交換して外気→送風機→主抵抗器箱→室内と言う経
路に変更した。室内の温度は主抵抗器箱→室内へのダ
クトの途中に風量調整装置を設け3段階に調整する方
式に変更した。その後、主抵抗器箱の断熱材や非暖房
期間の塵埃などがダクトから室内に入り込む事態が問
題化し、また、室内温度の細かい調整に対応出来ない
などの問題も顕在化し、室内暖房を従来の電気暖房器
に置き換え、主抵抗器の強制冷却と切り離す事で解決
した。

なお、その主抵抗器の強制冷却方式は国鉄など多く
の電車で広く採用された。現在は回生ブレーキの採用
で主抵抗器の冷却が問題化される事もなくなった。

6、艤装の軽量化

電車に多くの電気機器やブレーキ装置などが床下や
室内・屋根上などに取り付けられている。また、台枠
の下や車体の内部には電気配線や空気配管があって人
間の神経や血管の役割を担っている。これらを総称し
て艤装工事と言う。床下の機器取り付け金具も軽量化
のために、台枠と同様に従来の形鋼ではなく鋼板のプ
レス加工をした材料に補強材を組合せた溶接構造のも
のとした。電線は1,500Vの高圧回路は従来からの規格
の電線としたが、電灯や制御回路などの低圧回路には
塩化ビニール被覆の絶縁電線を使用し、その使用電線
の太さは最低を従来の慣習で断面積3.5㎟以上として
いたのを2.0㎟以上とし、回路ごとに電流値を計算して

決めた。電線を通す電線管は一般に薄鋼電線管と言う
鋼製のパイプが使われていたが、主抵抗器箱の周囲な
ど熱の影響のある部分を除いて塩化ビニールの管を使
用した。

乗務員室の全面運転台キセは軽量化のため、骨組か
らキセ板に至るまでアルミ合金板を使用した。機能を
発揮して安全を確保し、軽量化をはかる努力は見えな
い箇所にも随所に払われた。

7、台車

徹底した軽量化と直角カルダン駆動装置を使った高
速モーターを搭載するもので、軽量化には台車の構成
そのものを見直して側受支持、揺れ枕装置の廃止を行
い構造の簡略化による軽量化と台車枠に高抗張力鋼板
の溶接組立構造としての軽量化をはかった。この台車
は私鉄経協標準台車N19-R24に準拠している。

(1) 側受支持

車体の荷重は台車の側受で受ける方式とした。これ
により荷重は側受の直下にある枕ばねから台車枠に伝
達されるので、枕梁は軽量化が図られている。一方、
車輌の推進力は枕梁と台枠とをボルスターアンカーで
結んで伝達する構造とした。

(2) 下揺れ枕の廃止

車体の荷重は台枠の側受けから直接台車の枕梁の側
受けに受けられ、その下に配置した枕ばねを介して台
車の側はりに伝達される方式として揺れ枕装置を廃止

鋼板溶接の台車枠、荷重を側受で受ける方式を採用、下揺れ枕を廃止したTS-301。写真は弾性車輪を試用する5004号のもの。　　　所蔵：宮田道一

春の田園調布付近を行く5012-5056-5011。
1956.3.3　田園調布〜多摩川園前　Ｐ：宮田道一

立体交差化工事たけなわの目黒通りを潜る5032号。

1960.3.3 学芸大学－都立大学 P：小川峯生

した。揺れ枕装置の役割であった車輌の復元力は枕ば
ねの横方向の剛性を使う方法となった。

（3） 台車枠

　台車枠は枕バネからの車体荷重を受けて軸バネから
車輪車軸に荷重を伝える側ハリと左右の側ハリを繋ぐ
と共に、主電動機を取り付け歯車装置を支える役割を
持つ横ハリとから成る。台車枠には引張強度の高抗張
力鋼板を使用して溶接構造としたので鋳鋼製や形鋼を
組合せた台車枠に比べて大幅な軽量化がはかれた。し
かし、最も荷重が集中する横ハリと側ハリの結合部に
は亀裂が入るトラブルに見舞われ、補強を追加するな
どの対策を講じたが、最終的には材料を普通鋼板にし
て落ち着いた。

（4） 基礎ブレーキ

　発電ブレーキを常用するので、制輪子を使用するブ
レーキは一つの車輪に一つの制輪子を使う片押し式の
基礎ブレーキ方式とした。ブレーキシリンダーはシリ
ンダー1つに2つのピストンを組込んだ副動式として
構造の簡略化をはかり、そのブレーキシリンダーを台
車側ハリに取り付け制輪子を一つのテコで押付ける簡
単なリンクとして、従来の複雑なリンク装置を大幅に
簡略化した。運転開始当初より空気ブレーキ時に制輪

子部から騒音が発生する問題があり、検討の結果制輪
子テコの下部の反力を受けている調整ネジの台座が側
梁下部に固定されていたのを前後の制輪子下部を連結
棒と調整ネジで繋ぎ、反力同士を打ち消すようにして
問題は解決した。

（5） 駆動装置

　いわゆる直角カルダン方式で、歯車箱は車軸に乗り
一端が台車枠にアンカーを介して支えられている。歯
車は特殊鋼を熱処理した材料を使って歯を切削加工し
た上で浸炭処理を行っており、一段減速でも高速モー
ターの回転を十分に伝達できるので、他の減速方式よ
り小型軽量化が出来た。使用開始早々から歯車面の異
常磨耗や歯の欠損やスプラインシャフトの損傷などの
問題が発生したが、強度上の再検討をして対策を講じ
て問題は解決した。

（6） 弾性車輪

　大型高速電車用として初めて試作した弾性車輪は、
お披露目の試運転後に5004号車の台車に組込んで性能
試験を繰り返した。高速運転で異常な動揺が発生する
現象があり、試験を繰り返したが原因把握が出来ず、
また車輪の構造が複雑化してタイヤも特殊な仕様とな
らざるを得ないので試験段階で採用中止にせざるを得

学芸大学から都立大学に向かう5020−5060−5110−5019。5000形は3連からMc・Tc・T・Mcの4輛固定編成となった。　1958.4.4　P：宮田道一

なかった。

5000形は第1次車として5001＋5051＋5002の第1編成と5003＋5052＋5004の第2編成が同時に製造された。

また、この一連の試験は、当時地上平坦直線区間であった日吉―綱島駅間で行ったが、その後も東横線での試験区間として使用され、5000形を使って試作空気バネ台車でのドラムブレーキ試験なども行った。

8、電気装置

制御装置、主電動機、補助電源装置などの主要機器は東芝が開発した高性能電車に相応しいものを使用した。

（1）主電動機

普通電車としては定格速度を低くして大きな加速度を、急行電車としては100km/h以上の高速運転も可能とする、相反する要求を満たせる性能を持った110kWの出力を持った直角カルダン駆動装置と組合せる軽量高速形電動機とした。出力当たりの重量は僅か5.5kgと従来の釣り掛け式電動機の16kgに比べて極めて軽量化出来た。1M方式の電車用として定格電圧は750Vで100km/hから電気ブレーキを使用できる。

定格回転数2,000r.p.mと言う小型軽量高速モーター

であったので、高速回転する整流子回りの問題に悩まされたが、分割形ブラシを開発してからこの問題は解決できた。

（2）電動発電機

発電機側は直流100V、交流2相100V　120Hzの電動発電機で、軸の両端には主抵抗器冷却用のシロッコファンを取り付けてある。直流100V、電源は84Vの蓄電池をフローティングチャージして制御電源を停電時にも確保するようにした。主抵抗器の冷却方式の変更で、1956（昭和31）年度から送風機がシロッコファンからプロペラファンに変更になった。

（3）制御装置

1,500V、110kW主電動機4台を制御する電動カム軸多段式制御装置で、発電ブレーキと空気ブレーキを同時に制御する。主制御器はフリーホイールを介して一つの操作電動機でカム軸を駆動し、抵抗接触器、弱め界磁接触器、制動付加接触器を制御する構造となっている。主抵抗器はリボン形抵抗器を箱に収め、電動発電機軸の両端に取り付けた送風機によって強制冷却する方式で、冬季は抵抗器の発熱を社内暖房に使用する。従来の制御装置に比べて大幅に軽量化と小型化が出来ている。

しかし、1台の操作電動機で多くの制御を行うために、一つの動作角度が小さく、各ステップでの停止位置の狂いが故障の原因となり、対抗カムと言う装置を考案追加して収まった。この方式は後々電動カム軸制御装置の基準になった。

（4）車内照明

客室天井に長手方向2列に蛍光灯を連続配置した。電源は2相100V120Hzの交流電源を200Vに昇圧し、読書面での明るさは500ルクスになる。120Hz2相の交流電源で蛍光灯のチラツキは少なく、安定器が小型になるなどの利点がある。灯具には配光を均一化し、蛍光灯灯具の安全を図るためルーバーを取り付けた。電動発電機は両端の電動車に取り付けてあり、電灯回路は3輌編成の片側ずつをそれぞれの電動発電機が分担する回路としてある。

（5）集電装置

電動車にはそれぞれ集電装置パンタグラフを取り付けてある。このパンタグラフは枠組にアルミ合金（ジュラルミン）パイプを使用して軽量化をはかった。

9、空気ブレーキ装置

電気ブレーキと連動する自動ブレーキ装置で日本エヤーブレーキが担当した。一つのブレーキハンドルで電気ブレーキと空気ブレーキとを制御する。高速時や低速時に電気ブレーキ力が低下すると自動的に空気ブレーキが補足し、非常ブレーキは空気ブレーキのみが作動するようにして、車掌弁を扱った時や万一列車分離などが生じた時に迅速な非常ブレーキが作動する。

（1）電動空気圧縮機

V字形にシリンダーを配置した圧縮機をVベルトで駆動する新しい方式の電動空気圧縮機で、安全弁と自動排水便を取り付けた第1空気ダメとを一体にした枠に取り付ける構造になっている。毎分1,000ℓの能力があり、防振ゴムを介して電動車の台枠に吊下げた。当初の枠は軽量化を徹底し防振ゴム装置も良い特性であったが、電動空気圧縮機の振幅が大きく繰り出し管の緩みも発生したので枠と防振装置の設計を変更した。

（2）ブレーキ作用装置

ブレーキ装置の心臓部に相当する装置で、ブレーキ管の圧力変化に応じてブレーキシリンダーの圧力を制御する制御弁、制御弁の圧力に応じてブレーキシリンダーへの空気を供給する中継弁、電気ブレーキが働いている間、空気ブレーキの圧力を抑える閉切弁、など

日本最初のステンレスカー5200形3連が試運転を終えて入庫点検中のひとこま。銀色の車体が夕陽にキラキラと輝いていた。左側は1ヶ月検査場。
1958.11.28 元住吉　P：宮田道一

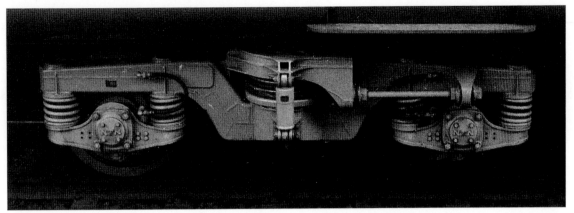

空気ばねが導入されて各社は試作試走により、新時代の乗り心地実現を目指した。5068号で試用中の東急車輌ＴＳ-308台車。　　　所蔵：宮田道一

の機能を持っていて床下に取り付けている。

このほかに、荷重の状態で最大ブレーキ力を切替える装置や高速時に電気ブレーキを速度に対応して補充するようブレーキ力を調整する装置などが取り付けられた。

（3）ブレーキ率加減装置

車輌の軽量化に伴い、満員時と空車時の車輌重量の差が大きくなるので、最大ブレーキ力を積車と空車の2段階制御する装置を設けた。戸閉回路と連動して側引戸が開いた時に台車と車体の高さ寸法を計測してバネの撓み量から乗客重量を割り出してブレーキ力を調整する。

（4）ブレーキ力補足装置

発電ブレーキは高速時と低速時には十分に利かない。これを空気ブレーキで自動的に補足する。これは制御器のノッチの位置に応じて空気ブレーキ圧力を指令するようになっている。

10、その他

5000形は5年間に105輌が造られたが、その間には実用上の問題点は設計・製造面にフィードバックされ随所に改良が加えられた。また、材料や工法の改良も途中から採用されて製造年次によって細部での改良が続けられた。更に、新たな装置やシステムについて5000形で試験や試用が行われた。

（1）試験台車

昭和31（1956）年に汽車会社製の空気バネ台車が京阪電鉄1700系で試験され、我が国でも空気バネの時代に入ろうとしていた。東急車輌では昭和33（1958）年

に鋼板溶接組立の台車枠に枕バネに空気バネを採用した台車TS-308を試作した。この台車には軸箱支持装置にも新しい試みを導入し、基礎ブレーキ装置にドラムブレーキを採用すると言う意欲的なものであった。この台車は5068号車に組み込まれて長期の実用試験と乗り心地試験が行われたほか、ドラムブレーキの性能試験も行われた。

ドラムブレーキ試験は東横線日吉―綱島駅間の平坦直線で終電後に行われた。純粋にドラムブレーキの性能を確認するため、サハ5068号車にはブレーキ操作の出来るよう簡易運転台を設置し、5000形で推進運転をして所定の速度に達した所でこの試験車輌を突放して単車走行の状態としてブレーキを掛ける方法で行った。この結果は6000系電車にフィードバックされた。

（2）5200形

1958（昭和33）年12月、5000形のシステム、部品、台車をそのまま使用して車体をステンレスとした5200形が誕生した。これはステンレス車輌の試作がその目的で、国産ステンレス車輌の第一号となった。

車体の外板をステンレス鋼板張りとしているほか、構造的にも5000形の車体とは異なっている。台枠や車体の骨組は普通鋼板のプレス加工した軽量構造で、側と妻の外板は普通磨きステンレス鋼板をビード加工して組立てた、いわゆるセミステンレス構造とした。また、車体長さは5000形より0.5ｍ短い17.5ｍとしたが、枕ハリ間は変らず、枕ハリから車端部を0.5ｍ短くした。側窓のユニット構造は5000形の実績から全面的に改良されたほか室内灯はアクリルカバー付きとなった。最も変ったのは通風装置で、天井中央に軸流ファンを6台1列に取り付けた。この装置の効果について風速分布と風量の試験を行い、首振り扇風機との比較検討を行うデータが確認された。

東横線の中で最もスピードが出せる直線区間は、のどかな農村風景が広がっていた。

1961年　日吉─綱島　P：宮田道一

誕生のいきさつ

太平洋戦争の沈滞ムードを打ち破るように大都市の各私鉄が高性能電車を登場させたのは、1954(昭和29)年頃の事であった。すでに車輌メーカーと電機品メーカーは、戦時中の遅れを取り戻すべく新技術の試作と試走に意欲的な取り組みを示し、明治以来の吊り掛け式駆動からの脱皮と軽量車体の開発を進めた。

東京急行電鉄は、輸送力増強計画の中で、在来型の電車との連結運転をあきらめ、軽量車輌の開発を全面的に新興の子会社である東急車輌に委ねたが、当時の車両部長田中勇氏の次の発言が全てを語っている。「何処のものにも負けない様な超軽量車を作ってくれ、寿命は10年くらいと考えて良い」それは1953(昭和28)年の春の、東京駅八重洲口近くにあった東急車輌東京営業所での打ち合わせであった。これは、当時設計を担当した今井淳係長の記録である。

さらに、当時車両課長として東急車輌が製作した図面をチェックしていた白石安之氏は、上司である田中部長に「この超軽量電車は、あまり画期的すぎて不明の点も多いので、もう少し在来的な考え方をいれたら

どうでしょうか？」と申し上げたところ「脱線や転覆をするような電車では困るが、東急車輌が鉄研(鉄道技術研究所)の援助を得てやっているのだからお前があまりとやかく言うな」との会話を記述している。

車輌が完成したときの逸話は、当時車両課員として、渋谷の本社に勤務していた出井高之氏の記述がある。「昭和29年の夏の終りになる頃、白石車両課長より東急車輌に行き、1ヶ月検査の要領で、検査に立ち会って来いと言われて、金沢八景の工場に赴いて見たのが5000形車輌との初めての出会いであった」「MTMの2編成を約1週間かけて1ヶ月検査以上の色々の検査を終え、神武寺までの初試運転となったが、東急電鉄で立ち会ったのは、田中部長、白石課長と私の3名だけで、他は東急車輌、東芝、日本エヤーブレーキ他各メーカーの方々が大勢いたことを憶えている。初試運転の結果、ブレーキのブラケットロッドが飴棒の様に曲がってしまっていた。強度不足ということで、径を太くしたのは言うまでもないが、数日たって2編成は、元住吉検車区に回送された」

5000形新造車は、逗子から国鉄線により、菊名を経由して搬入されたのであるが、車両課員の金邊秀雄氏

改修工事中の自由ヶ丘駅、左が桜木町方面であり、手前の工事車輌は輸入したマルチプルタイタンパである。　　　　　1958.11.28　P：宮田道一

多摩川を渡る5連の下り急行列車。2連の登場でカエル同士が連結する光景が見られるようになった。　1962.4.9　多摩川園前－新丸子　Ｐ：小川峯生

の記述によれば「この革新的な車輌新造計画は極秘に進められたため、部内でも、関係者間のコンセンサスがないまま元住吉構内にシートで覆われた姿で搬入されてまいりました」

これらは1986年に東京急行電鉄が発行した『5000形の技術』（非売品）に記されている。

1959年11月、自由ヶ丘駅は島式2線から2面4線と変わり、日吉駅に次いで急行待避駅となって輸送力増強のダイヤ改正にメリットを発揮する事となった。
1960.1.25　Ｐ：宮田道一

5200形は輝くばかりの車体にコルゲーションが印象深く、"湯たんぽ"というニックネームが付けられた。　　　　　　　　　　1958.11　自由ヶ丘　P：宮田道一

5000形109輌までの道のり

　3輌固定編成の5000形は、渋谷寄りが5001号からの奇数号車、桜木町寄りが5002号からの偶数号車とし、中間の5050形は1号からの追い番である。

5000形の増備が進み東横線の急行は終日運転、渋谷～横浜間30分運転を実現した際のポスター。　　　　　　　　所蔵：宮田道一

　1954（昭和29）年の12月にはさらに2編成が搬入されて4本体制となったが、各メーカーは新規開発した各装置の初期故障対策に追われながら、新造車への部品製作を続けることになる。営業線における不具合の発生は多岐にわたり、検車区掛員は出張により駅停車中にパンタグラフを下げて、床下にもぐり部品を交換して難局を切り抜けた。メーカーの掛員は元住吉工場構内に据え付けられていた車輌食堂に、年末年始は駐留したという。

　5000形導入を決断した田中　勇氏は『5000形の技術』の巻頭言として「5000形車両は、昭和29年当時に、それまでの吊掛式に対して技術革新を志して作った結果である。本書は、よかったよかったの記録ではなく、悪かった点を如何に改良したかをまとめたものである。技術は経験の積み上げであるから、失敗は失敗としてはっきりさせておかないと後の人が、その儘繰り返す心配がある。よって、どの様な点が思い至らなかったかを大事に記録しておくことが肝要である。～中略～台車の亀裂にしてもギリギリの設計をして作ってみたからこそ、足りないところが判ったのである。最初から心配して厚くしたら、何処が良かったのかわからない、悪い所が判ったら直せば良いのである。」と記述している。

車体を夕陽に輝かせ都立大学からの坂を5200形が駆け上がる。　　　　　　　　　　　1960.1.18　都立大学－自由ヶ丘　P：小川峯生

クハ5152を先頭に下り急行が通過。この駅が日比谷線とのジャンクションになるのは約4年半後のこと。　　　　　　1960.1.18　中目黒　P：小川峯生

東横線の急行運転は1955（昭和30）年4月1日から、日中のみの運転として再開された。渋谷〜桜木町間を30分で走破し、途中の停車駅は、学芸大学・自由ヶ丘・田園調布・武蔵小杉・日吉・綱島・菊名・横浜で追越駅は日吉である。各駅を30秒停車として結局所要時分は34分であった。

この年さらに3編成が新造され、10月1日から終日運転が開始された。美しいカラー印刷のポスターも作られ、早速広報課へ依頼して郵送してもらった。

車内放送サービスとして、軽音楽と女性のアナウンスや遊園地のPRも、オープンリール式のテープレコーダーにより流されて、東横線急行のファンが増加することとなるが、メンテナンスの困難性により、その実施期間は短かった。走行音が静かであったから実現出来た最新のサービスも、ハードが追いつかなかった。

5000形は毎年増備されて行くが、輸送力増強に合わせて4輌編成化が計画され、中間に電動車のデハ5100形が1957（昭和32）年から加わった。渋谷寄りの2輌目に組込まれたが、電動車として必要な配電盤やスイッチ類は、妻部のキセ内にコンパクトに収められた。デハ5100形は結局、3年間で20輌が製造された。

車内放送サービスの第2弾として、東急電鉄提供のラジオ番組を流すことが、1958（昭和33）年12月から始まった。これはラジオ関東が12月24日に開局し、朝夕のニュース番組が、「ハイ朝刊」と「ハイ夕刊」とし

逗子へ向かう海水浴客を乗せ夏の東横線を行く臨時急行〈さざなみ号〉。

代官山トンネルに吸い込まれるデハ5002の上り急行。終着渋谷はもう間もなく。
1959.4.28 中目黒—代官山 P：小川峯生

て放送されたものをそのまま受信し、車内スピーカーから客室へ流した我が国初の試みである。朝刊は7時30分から、夕刊は17時45分から15分で、新聞社の第一線デスクが解説を受け持ったり、野球や相撲放送の時は、乗客は聞き耳を立てていた。唯一の欠点は、一番聞きたい所で停車駅が近付き、車掌の案内に切替る事であった。この設備はその後、運輸指令との列車無線へと発展したのである。役目が終ったのは1964（昭和39）年であった。

さらに5輌化が計画され、編成組み換えだけでは対応しきれず、Mc＋Tcを1959（昭和34）年に3組新造して、3輌固定車に増結することとなり、非貫通の顔同

1955.9　自由ヶ丘―田園調布　Ｐ：髙井薫平

士が連結する姿を見せることとなった。25編成目の
5049―5075―5050が同年2月に竣功していたので、こ
の2輌組はデハ5051―クハ5151号以降のすっきりとし
た車号が与えられ、併せて車号の重なるサハ5050形は
5350形に改称改番された。同年10月29日まで5000形の
増備は続けられたが、この間にステンレス車体の5200
形が加わって異彩を放っていた。

　輸送力増強は、編成の長大化によることとし、ホー
ムの延長工事と共に、1968（昭和43）年には6輌化が
実施された。すでに1960（昭和35）年にステンレス車
体で電力回生付きの6000形、1962（昭和37）年にオー
ルステンレスカーの7000形が就役しており、5000形は

編成替えで対応し、4輌固定＋McTcまたは＋McMc
が出現した。

■5000形・5200形の製造実績（輌）

	1954	1955	1956	1957	1958	1959	計
5000(Mc)	8	6	16	8	10	7	55
5050(T)	4	3	8	4	5	1	25
5100(M)				12	6	2	20
5150(Tc)						5	5
5200(Mc)					2		2
5250(T)					1		1
5210(M)						1	1
計	12	9	24	24	24	16	109

注1）5050形は1959（昭和34）年8月に5350形に形式変更した。
注2）5200、5250、5210形は我が国初のステンレス車で性能機能は5000形と同じ。

5000形が東横線から転出するのは5200形が最初で、1964（昭和39）年4月1日大井町線へ、引続き1970（昭和45）年のダイヤ改正で、4連7編成がすでに田園都市線と名称が変っていた大井町～長津田間に一挙に移された（この他車輌運用として目蒲線の朝間ラッシュ時に5000形が1本、目黒～田園調布間に運転されたこともあった）。東横線から5000形が完全に姿を消したのは、デビューから25年後の1980（昭和55）年3月であった。東横線はすでにステンレスカーの時代になっていたのである。

東横線の看板列車

5000形使用によるネームドトレインは、5000形の人気をひときわ高めることとなった。

1955（昭和30）年夏の日曜日には海水浴客を運ぶ愛称付列車〈さざなみ号〉が運転された。渋谷から田園調布まで各駅に停車し、あとは横浜までノンストップ運転とし京浜急行に接続する発想であり、方向板をトレインマークのデザインとしたのである。道路の整備が未完の時代であり、5000形の時代は海水浴客やハイキングは、電車利用しか考えられなかった。

同じく〈鹿野山号〉〈勝山号〉は、高島町に臨時停車するもので、大島航路と房総航路の東海汽船と接続をPRした。

さらに、納涼急行として〈綱島号〉が毎日夕刻に運転され、渋谷を出ると自由ヶ丘・田園調布だけの停車とし、側窓を全開として、さわやかな外気が車内を通り抜ける5000形のメリットを満喫できた。

電車技術の発展に役立った 5000形の試み

破天荒な技術革新に挑んだ5000形で故障が出なかったのは、パンタグラフと連結器位と言われた。日常の保守をする検車区、定期検査を担当する元住吉工場の担当者そしてメーカーの苦労は『5000形の技術』に残されており、その断片を知ることができる。

車体は、板厚をアップしたり、窓ガラスのHゴム化などが見られたが、基本構造は変えることもなく鉄研が開発した抵抗線歪計による車体応力測定の効果が実証された事になり、その後軽量車体の導入は、コンピューター解析へと進みステンレスやアルミの素材へと転換しつつ、軽量で無保守の車体が当然の時代へと進んだ。

台車は鋼板溶接構造の軽量台車の利点が実証されたが、TS-301台車の亀裂対策はAからFまで6種の変遷が見られた。しかし、基本思想は変らずに改良発展

5039号を先頭にした5連の急行渋谷行が颯爽と水辺を駆け抜けていく。　　　　　1963.7.7 菊名－大倉山　P：篠原　力

武蔵小杉を出て直線区間を元住吉へとスピードを上げる5030号。右は関東労災病院である。

1960.4　P：宮田道一

を続け、それはやがてブレス鋼板と空気ばねを最大限に利用したボルスタレス台車へと進化した。

　一方、駆動装置は破損の原因を把握し、太軸化や自在接手のニードルベアリングのリテーナー化等が実施されたが、メンテナンスがより簡単な平行カルダンの優位性が確認されたことから、ヘビーレールからは除外された。

　主電動機の高速回転は、フラッシュオーバーに悩まされたが、アースリングの設置や分割刷子の採用により解決を見た。

　制御装置は、フィンガー接触部の荒損や折損が多発したが、添え板の取付とフィンガーや接点の材質の変更により解決すると共に、カム軸のすべり込み不具合対策として対抗カムの取付という工夫により解消し、国鉄の101系電車の制御装置CS12形以降へと発展した。

　その他、5000形に触発されて電車の改良が進んだ事は、記憶にとどめておきたいものである。

■東芝PE形主制御器の流れ

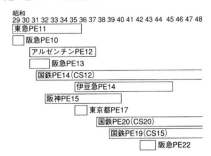

■TS-301台車からの台車の流れ

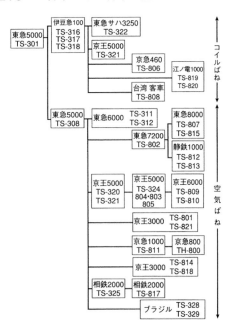

41

東海道本線をオーバークロスして高架の横浜駅に入線する。駅ビル屋上からは展望が開け、中央前方には高島町のホームが見える。手前は相模鉄道線のホームである。　　　　　　　　　1961.5　P：宮田道一

第四章　資料編

　東京急行電鉄の車両部は、田中勇車両部長と白石安之車両課長が高性能車輌の導入に当り、私鉄経営協会の標準電車に準拠しつつ、どこよりも軽い電車を目標にたて、新造費の割高の面はランニングコストで充分カバーできるとしてゴーサインを出した。

　資料1は、車両部内の初期における構想を示したもので、昭和28年11月11日の日付があり、会社の便箋に万年筆での手書きである。

　資料2は、東急車輌が作成したと思われるもので、実体的な仕様がタイプ印刷されており、サイズはA4である。添付された外形図（46頁）は、車体断面が茶筒に近く側窓部分もR付となっており、扉の位置も現車とは異なる。台車は「揺枕は釣リンクを用いずに直接枕バネ上に」と記されている。また、主電動機は「75kWでも差支えないと思う」と備考欄に記されているが、現車は110kWとなった。

　資料3（47頁）は、1954（昭和29）年1月20日の部課長会議で、電車6輌の新造が決定された後に、車輌の内容を関係者に配布したもので、B5のガリ版刷りである。

　この他に「軽量電車（デハ5000形・サハ5050形）製作工事仕様書」が、昭和29年5月1日付で車両部より発行されており、これは『5000形の技術』に集録されている。

軽量電車

28.11.11

車体
構想
車体は形状を出来るだけShell Typeに近づけ10ton以下とする（長×幅×高　17000×2700×2680）。
その為使用鋼材はSHTに置換する。
天井、引戸、窓等は可及的に3Sor61Sとする。
木材の使用は可及的に避けPressed SHTとする。
可燃物の使用は出来るだけ避ける。
機器取付はSHTを使用し台枠のMemberとなる様考慮する。

1、台枠
中央梁は枕梁の次の横梁迄とする
側梁はフのPress物を使用する
端梁はフのPress物を使用する
横梁は10本とする。
連結器は日鋼式密着連結器を使用する

2、鋼体
鉄垂木、各柱、横梁　可及的に同一平面にある様考慮する。
各柱上部は屋根板に添わして曲げその端に長桁を通す。各柱の直線部長さは側梁上面により2000m/m位とし屋根弯曲は可及的に丸みを持たせる。
外板は幕板上部より長桁迄は2.3m/mSHT、他は1.6m/mSHTを使用する。
腰帯はSHTのプレス物を使用する。
パンタグラフ下部の鉄垂木は他個処より強くする。
柱、垂木、長桁は総てSHTを使用する

3、屋根
1.6m/m薄鋼板を使用しビニールシートを張る。
屋根全周に雨樋を設けビニール抑えを兼ねさせる。排水樋は隅柱内に設ける。

4、天井
幕板上部より全部1.6m/mの3Sを使用する。
運転室天井は1.6m/mの3Sを使用するが天井裏の工作に便ならしむる様取付方法又は天窓を設ける等を考慮する。

5、床
木製一重張としビニールを張る。
根太はSHTのアングルとする。

6、室内
化粧板はデコラ張りの合板とする。
窓内帯、面縁は薄鋼板のプレス物を使用する。

7、窓及び戸
固定窓は外板に型ゴムで硝子を嵌込む
昇降窓は3Sのプレス製とし硝子を嵌込む
窓ツマミの取付はヘリサートを使用し取付ネジ孔の損傷を防ぐ。
側引戸、貫通引戸は61Sのプレス製とする。硝子の取付は型ゴムによる。

8、硝子
側引戸、運転室正面のみ5m/m厚を使用し、他は総て3m/m厚とする。
硝子の寸法は規格寸法のものを有効利用出来る様枠寸法に考慮する。

9、設備
a．腰掛枠は薄鋼板プレス物、蹴込は3Sとする。
b．網棚受は軽合金製、棒はステンレスパイプとする。
c．運転室仕切窓硝子保護棒はビニールパイプを使用する。
d．日除は総てカーテンとする。
e．吊革棒はステンレスパイプ、ブラケットは軽合金製とする。

10、塗装
外部はフタル酸系エナメルを使用しない
内部は汚損なく容易に疵を生じない難燃性のものを使用する。

11、其の他
a．室内照明は40W蛍光灯を使用する。
b．インターホーンスピーカーを嵌込む。
c．電線管は可及的にビニールパイプとし台枠孔は鍔付とする。

名称	YS案			TKK案		
	寸法	数量	重量	寸法	数量	重量
中央梁	⊏150×75×6	16.4米	230kg	⊏150×75×6	16.4米	230kg
側梁	⊏125×65×6	34	406	⊏150×75×6	34	477
端梁	⊏125×65×6	5.5	66	⊏150×75×6	5.5	77
枕梁	⊏150×75×6	11	154	⊏150×75×6	11	154
横梁	I←4.5 t I← 6 t		429	⊏150×75×6	27	337
小計			1285			1275
其の他			519			519
合計			1804			1794

軽量電車新造仕様書（M、Tc固定編成）

はしがき

　本車輌の設計製作にあたっては大幅の軽量化を目的とし台枠・車体骨組を合理的に組立て剛性を減少することなく大幅の重量軽減を図るもので天井・室内設備・窓戸床下釣金具・電線管等全般に亘って一段の工夫を施し軽合金或はビニール等できるだけ軽量の材料を使用し車体としての軽量化を図ると同時に台車においてもカルダン方式を採用してモーターその他において大幅の重量減を図り車体台車を含めて1輌当り総重量約26屯を目標として設計製作するものであります

第一章　一般

1、本車輌は片運転台半鋼製電動客車及び制御客車の2輌固定編成であって連結側には貫通路、幌及び小形密着連結器を備え運転台側には並形自動連結器を備えるものとす

尚客室出入口は片側において枕梁より車端寄に各1箇所、中央に1箇所とする

2、本車輌は満載時の乗客300人を超えざるものとし1人当り平均重量を55瓩として車体各部の強度及び台車その他を考慮して設計するものとす

3、本車輌は側受において車体重量を支える方式とし心皿部は単にボギーの回転及び車体の前後並に左右動に対するガイド面として設けるものとする

4、本工事は車体・台車・艤装全般に亘り完全なる工事を施し運転整備の状態において引渡すものとする（支給品に対しては別途打合せをする）

5、本仕様書において記載してない部分もできるだけ軽量の目的に副うように施行する

第二章　車体

1、台枠

(1)台枠は主として2.3tの高抗張力鋼板を使用しスポット熔接による組立方式とし中梁は連結器取付部分のみとし枕梁は単に左右の側受をつなぐ目的で設けるもので側受中心は側梁と一致させる。尚車端衝撃は控え梁によって側溝に逃す構造とする

(2)横梁は2.3tの高抗張力鋼板をI型にスポット熔接によって組立て腹板部分には60×130m/mの穴を30m/m間隔に明けて重量軽減と同時に配管配線に便ならしめる

　註　(a) ⊏125×65×6　慣性モーメント425cm⁴　重量13.4kg/m
　　　(b) 2.3t組立　慣性モーメント435cm⁴　重量9.8kg/m

(3)横梁と側柱とは一体熔接とし鉄垂木・柱・横梁を通じて完全なリング構造とする

(4)側梁は横梁と同一断面とし横梁間隔において中断するものとする

(5)床受梁は⊏50×50×2.3とし横梁と横梁との間に渡して熔接する

　註　⊏50×50×2.3　慣性モーメント16.6cm⁴　重量2.71kg/m

(6)連結器は運転台側は並形自動連結器、連結側は小形の日鋼製密着連結器とし緩衝器の容量は共に30屯とする

2、鋼体骨組

(1)側柱・入口柱は台枠横梁と一体とし上部を側屋根に添付して曲げその端に長桁を通し鉄垂木によって左右を結ぶ構造とする

(2)幕板帯及び腰板帯は使用せず外板を折曲げた部分によって代用する尚腰板帯部は窓枠受材を以てかねるものとする

(3)外板は2.0屯の磨鋼板とする

3、屋根

屋根板1.2tの鋼板とし鉄垂木に熔接する

屋根上部には厚さ0.5m/mのビニール又はセメダイン（滑り止塗料）を2.5m/m～3m/mの厚さに塗布する

　註　(a) 0.5m/mビニール　重量800gr/㎡
　　　(b) 2.3～3m/mセメダイン　重量975gr/㎡
　　　　　絶縁耐力8000V以上

4、天井

天井板は1.5m/mのデコラを使用し鉄垂木及び長桁に直接タップスクリューにて取付けるものとする

　註 (a)厚さ3m/mのベニヤに1.2m/mのデコラ張付け　重量3.6kg/㎡
　　　(b) 厚さ5m/mのベニヤ　重量3kg/㎡
　　　(c) 厚さ1.6m/mの軽合金　重量4.3kg/㎡
　　　(d) 厚さ1.6m/mの鉄板　重量12.48kg/㎡

5、床板

床板は厚さ1.6m/mの鋼板とし床受梁、横梁及び側梁に熔接して台枠の強度を持たせるものとする

床板の上には厚さ3m/mのビニールシートを張る

6、室内

客室内部の化粧板は厚さ3m/mのベニヤに厚さ1.2m/mのデコラを張付けたものを使用し押え金は軽合金のプレスものを使用する

運転室仕切は上部は櫛桁、下部は腰までの高さの仕切とし通路に当る部分には軽合金製の開戸を設ける

櫛桁と腰仕切との間は厚肉ビニール管にてつなぐものとする　但し運転手背面は固定ガラス窓としカーテンを設ける

7、窓及び戸

(1)客室出入口引戸・乗務員出入口開戸及び貫通路開戸は何れも軽合金プレスとしガラスは型ゴムにて嵌込むものとする

(2)側窓は上部固定・下部上昇式とし溝と一体をなした軽合金の外枠を車体に嵌込み窓止棒を使用せずに窓止金を以て下窓戸を任意の位置に上下できる構造とする

窓戸枠は軽合金製としガラスは型ゴムにて嵌込むものとする

(3)各側窓には巻上カーテンを側壁内に取付けカーテンカバーを廃し且つカーテン用の溝島を使用せずに止金を装置する

8、防暑及び防音装置

屋根及び外板の内面には厚さ6m/mの第4種フェルトを、又床板下面には厚さ15m/mの第4種フェルトをセメダインにて張付けるものとする

9、ガラス

ガラスは運転室正面のみ厚さ5m/mの磨ガラスを使用しその他は総て厚さ3m/m透明ガラスを使用するものとする

10、設備

(1)客室座席

客室座席は総てロングシートとし腰掛枠、腰掛受及び蹴込板は総て軽合金とする

(2)客室荷物棚

荷物棚は側窓上幕板に取付け荷物棚受は軽合金、荷物棚棒は木製、荷物棚は木綿網とする

(3)客室吊手

吊手棒は軽合金、吊手棒はステンレスパイプ、吊手は革及びビニール製のものとする

(4)その他室内金具は原則として軽合金製とする

(5)通風器は軽合金製とする

第三章　台車

1、一般

本台車は直角カルダン台車で側受にて車体の全荷重を受ける方式としその主要項目は次の通りとする

(1)心皿荷重（1台車）最大　17ton

(2)車輪直径　860mm

(3)固定軸距　2100mm（1900）

(4)軸頸中心距離　1600mm

(5)側受中心距離　2100mm

(6)電動機出力　75kw（55kw）

(7)1台車重量（電動機・駆動装置及び制動筒を除く）4000kg（3700）

2、輪軸、軸受

(1)車輪は輪心一体圧延又は弾性車輪とする

　註　圧延輪軸　1輌重量　860kg
　　　弾性輪軸（中空バネ）　1輌重量　860kg
　　　タイヤ焼嵌輪軸　1輌重量　940kg

(2)軸受は円筒コロ軸受としジャーナル直径を110m/mとする

3、台車枠

台車枠は主として厚さ6m/mの高抗張力鋼をプレスしたものを熔接して組立て側梁の両端にて緩衝ゴムを介して軸箱と連結し横梁はモーターの支えを兼用する構造とする

4、

枕バネは片側3連のコイルバネとし側梁の外側に受を熔接してバネを稍々内方に傾けて取付け車体の左右動に対する復元力を与える構造とする

尚枕バネの内部に左右各1個のオイルダンパーを装置する

5、

揺枕は釣リンクを用いずに直接枕バネ上に置き単なる左右のつなぎのメンバーとして考える

6、

揺枕の前後左右には緩衝ゴムを装置する

７、制動機はトラックブレーキとして片制輪子式とし制動筒は台車側梁内部に取付けピストンは制動筒の両側に同時に働く構造とする

第四章　艤装
１、制動装置
（１）手ブレーキは運転室寄台車の片側の車輪にのみ作用するものとする
（２）空気溜は二室空気溜式としできるだけ数を減じ軽量を図る
（３）空気溜冷し管は放熱器式とし容積及び重量を減ずる
（４）機器類の取付金具は台枠強度の一助となるよう台枠に熔接する
（５）各機器類の軽量を図るが特に電動空気圧縮機は軽量なるものに置換える
２、電装
（１）機器の配列及び配管配線は軽量化の目的に添うよう特に考慮して設計する
（２）主抵抗器はリボン式として大さ及び重量減を図る
（３）引通し線はビニールケーブル線を使用し電線管を使用しない
（４）電線はビニール線として軽量化を図る
（５）その他機器部品についてはできるだけ軽量化するよう機器メーカーと協議決定する

結び
　以上を綜合して軽量化の量を計算すれば在来車に比して約12屯減ずることができてM１輛にて総重量26屯程度となりTcに対しては更にモーター及び駆動装置並に機器及び艤装の減量を差引けば約20屯となりM、Tc１編成で46屯となる
　これを在来のM、Tc１編成の総重量38＋28＝66屯に比較すれば20屯減となる

備考　モーター容量について
　a）在来大部分の私鉄においてM、Tc１編成の乗客の満載荷重を含めた総重量は次の如くであってこれに対しモーター容量は115kw×４＝460kW
　　　総重量　M（40屯）＋Tc（30屯）＋乗客荷重（360×２×55＝39.6屯）＝109.6屯
　　　１屯当りモーター容量460／109.6＝4.225kw
　b）新設計軽量電車のM、Tc１編成の乗客満載荷重を含めた総重量は次の如くであってこれに対しモーター容量は75kW×４＝300kW
　　　総重量　M（26屯）＋Tc（20屯）＋乗客荷重（300×２×55＝33屯）＝79屯
　　　１屯当りモーター容量300／79＝3.8kW
即ち在来に比しモーター容量は１割減となるが在来のものが多少余裕のあるものとすればこの軽量電車に対しては75kWのモーター４個でも差支えないと思う

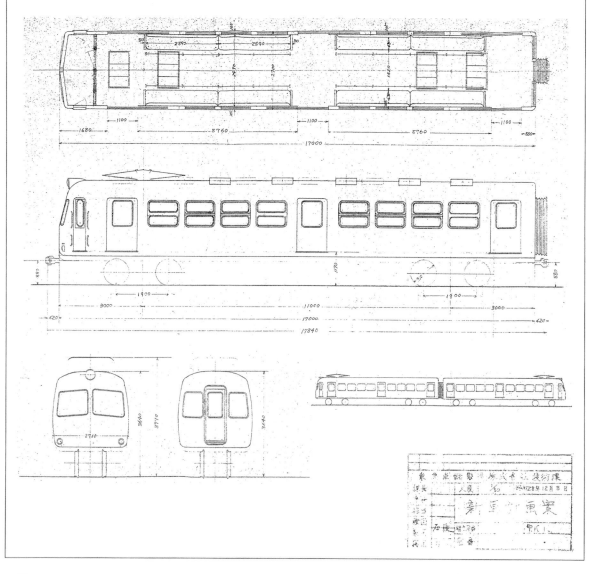

新製電車の計画について

　昭和29年1月20日の第117回部課長会議で決定した電車6輛の新造については最新の技術を採り入れた高速軽量電車を製作することになり研究中であったが、今般漸く成案を得たので下記の通り報告し御意見を承り度い。

1、新造の目的

　今回輸送力を増強する線区並に所要車輛数は大井町線等々力折返し列車を二子玉川迄延長するに要するMMT1本並に東横線の朝間菊名折返し列車2本の増結のM2輛であるが、将来の東横線の急行運転、スピードアップ等を考慮に入れて高速度軽量電車によるMTM2編成を新造し、代替車を以って前記輸送力の増強を計らんとするものである。

2、軽量電車の編成並に運用

　電車の軽量化については昭和27年暮より私鉄経協に電車改善連合委員会が組織され軽量化と主要機器の規格統一の研究が続けられて居るが既に標準主電動機並に標準台車の仕様書が制定される段階になった。
　此の新造電車に対しては主電動機台車等に之等の標準品を取入れたもので将来は私鉄に於ける標準電車の基本ともなり得るものである。
　東横線に於ける運用としては各駅停車に於いても現在の運転時間を相当短縮し得ると共に急行運転に使用して最高時速100粁以上を出して渋谷桜木町間を28分位で運転し得る性能のものである。之が為MTMの半固定編成とし、従来車との連結運転は断念した。

3、主要諸元

諸元	M	T	備考
車体長	18,000	18,000	
車体幅	2,700	2,700	
自重	約29瓲	約22瓲	
定員	140人	150人	
主電動機	110kW×4	—	標準主電動機
駆動装置	直角タワミ接手式	—	所謂カルダン駆動
制御装置	MPE（東芝）	—	電気制動付
空制装置	AMCD	ATCD	電空併用式トラックブレーキ
最高運転速度	105粁/時	105粁/時	

4、新造車の各部概要

（1）車体構造
　軽量化を主眼としその構造を半張殻構造とし、MTMの半永久編成とする。
　車体長を1米長くし、18米とした（之は近く私鉄車輛の標準寸法となる予定）。
　窓は下部上昇式であるが上部窓も上昇し得る様にし、通風を改善する。
　窓枠は上下共軽金属製とし、取外付も簡略にする。
　床は鋼板にスポンヂビニールシートを張り重量を増やさずに防火構造とする。

（2）台車
　私鉄経協、電車改善連合委員会で調査研究した心皿荷重17瓲の標準台車を使用する。
　後述する発電制動の常用により制輪子はシングルブロックとし、基礎ブレーキを簡易化し、保守を容易にする。
　車輪直径860粍、ホイールベース2400粍一体圧延車輪を使用する。尚M1輛は試験的に弾性車輪を使用する。

（3）主電動機
　電車改善連合委員会で研究制定された標準主電動機110kWを使用する。

定格出力	110kW
定格回転数	2000r.p.m
定格電流	162A
弱め界磁	最大弱め率50%（3段制御）
歯車比	5.7（予定）
駆動方法	カルダン軸駆動
重量	約700kg

（4）制御装置
　発電制動を常用とする東芝PME式制御装置一式を使用する。即ち電動はS.12ノッチ　P.11ノッチ　弱め界磁3ノッチ計26ノッチより成り制動は20ノッチで操作は何れも電動カム軸式である。

（5）戸閉装置
デハ3500、3600、3700、3800形の回路と同じである。

（6）制動装置
　装置の形式はAMCD及びATCDで大体の機構はデハ3800形と同じくトラックブレーキである。
　但し発電制動の操作は制動弁の自動制動装置で自動的に併用される。即ちMに於ては発電制動が有効な場合は自動的に空制を抑制し、Tに於いては常に空制が常用される。
　尚之等の詳細については後で別に詳しい説明書を出す予定である。又コンプレッサーは3YSという小型軽量で別のモーターよりベルトドライブする。
　尚、停電の際も発電制動が支障なく動作し得る様84Vの蓄電池を使用し、MGより常時充電するフローティング式を採用してある。
　従って従来6Vで操作した回路は総て84V（実際には約100V）で動作し、停電時もドアーの開閉は自由である。

（7）電灯回路
　室内灯は蛍光灯とし、車長が1米延長された為、Mは40W22本、Tは40W24本とする。
　又回路はMTM1編成の電灯を海側、山側の2回路に分け各を両端のMGより供給する。
　此の為、回路は相当複雑になるがMGの負荷が平均し（AC側は各80%位）万一1台のMGが故障しても各車共半数の電灯は点灯を続けられる。
　尚、蓄電池がある為、前照灯、尾灯、運転室灯等は停電しても消えないので予備尾灯は不要になる。客室予備灯は100V15W程度のものが各車6個宛点灯する。
　又前面幕板の両側には識別灯2個を設け、夜間急行運転実施の場合に急行車の識別を容易にする。

（8）高圧補助回路
　MG、CP、HTの開閉を遠方操作にした点が従来と甚だ異なる。即ち床下にMG、CP、HTの接触器群（SR-50相当品3ヶ入）を設け運転室の押スイッチにより操作する。
　従って1500Vの電線を運転室へ立上げる必要がなく、電線の節約と、危険防止が出来る。

（9）低圧電源回路
　フローテングバッテリーを使用する為DC100Vの電源回路は現状より若干複雑になる。
　即ち低圧配電盤の＋電源はMGの100V＋と蓄電池の＋が充電装置（回路は未決定につき追而決定）を通って、常に供給され配電盤の電源スイッチを経て各回路に分路されると共に101番の電源線に供給される。従って配電盤の電源スイッチは上り側か下り側の一方のみを入れ、他方を「切」にしてMGの並列運転を防止することは現在と同様である。又従来各所に分散して居たコントフューズ、ドアーフューズ等の各フューズは配電盤内に取纏め整理した。
　サハについては配電盤を設ける程の必要もないので3点押スイッチとフューズ箱を以って之に変えた。

（10）信号回路
　ブザー回路は現在と同じであるが6Vが100Vに変更された。その他新に非常通報装置を設けた。之は非常の事態を乗客が乗務員に通報するもので、吹寄内の非常信号押スイッチを押すと両運転室に警報赤ランプが点灯すると共にベルがなって非常を知らせる。乗務員は運転室の応答信号押スイッチを押すと吹寄内に応答信号ランプが点灯し、乗客に対し非常信号を諒解した旨を表示する。

（11）その他
　発電制動、非常信号装置、蛍光灯回路等の為、引越し線は32本を要するので現在の12芯2本では不足する。
　依って1本増加し36本として4本を予備とする。又MGは東芝LG107Bであるが容量はTDK342と同じである。
　但し、MGの両端にブロワーを直結し、起動抵抗器を強制通風する。此の結果、普通13箱程度必要なものが6箱に節減され、且冬季は此の余熱を客室に導き暖房に利用することが出来る。

下の一覧表は、東急車輌製造が、「戦後10年の車輌発展と東急車輌」と題した関係者向けの報告書の添付図であり、本文はＡ４サイズタイプ印刷である。

内容は、軽量化、不燃化、性能向上、サービス向上経済車に及んでいる。

戦後における電車の発達とその推移

昭33.12.1

区分	要点	性能の向上	軽量化	不燃化	サービス向上	経済化	保安	21	22	23	24	25	26	27	28	29	30	31	32	33	備考
車体	車体張カク構造の採用		○												●	○				東急5000 国鉄
	プレス全溶接構造の採用		○												○	●					京王2700 東急5000
	木材部分の全面排除			○											○						営団300
	室内塗装の減少並に排除			○		○														●	東急5200
	軽金属材料の取入		○												○	●					京王2700 東急5000
	照明度の向上（蛍光灯）				○			○								●					国鉄モハ40 東急3800
	車内放送装置取付				○											●					東急3800
	車内警報装置の取付						○									○			●		国鉄 東急5000
	貫通路の設置の徹底						○								○						地下鉄300
	外板ステンレス化	○	○																	●	東急5200
	連節車の採用					○									○		●				名古屋市電 西鉄 東急200
	強制換気方式採用				○										○					●	地下鉄300 東急5200
	蒲団背摺の不燃軽量化		○	○												●					東急5000
	全ステンレス車輌					○															
台車	カルダン駆動方式の採用	○	○										○			●					小田急1600 東急5000
	プレス溶接台車に移行		○			○										●					東急5000
	防振ゴムの取入	○										○			●						国鉄 東急5000
	オイルダンパーの取入	○											○		●						国鉄 東急3800
	全荷重側受支持方式		○											○	●						阪神 東急5000
	軸箱床の排除			○		○							○					●			OK形 京浜700 TS308
	コロ軸受全面採用	○				○															東急5000
	一軸台車の採用		○			○											●				東急200
	ドラムブレーキ採用	○				○									●	●					名古屋市電 国鉄キハ01
	ディスクブレーキ採用	○																	○		小田急SE
	空気バネ採用	○																○	○●		国鉄 京阪 TS308
	1モータ2軸駆動方式		○																		
機器艤装	電気ブレーキ常用電空併用				○											●					山陽850 東急5000
	高速回転MM採用		○										○			●					小田急 東急5000
	強制冷却MR採用		○													●					東急5000
	電空自動切替ブレーキ採用	○														●					山陽850 東急5000
	高速圧縮機採用		○													●					東急5000
	ビニール電線管採用	○				○										●					東急5000
	圧縮端子採用					○													○	●	小田急SE 東急5200
	化学繊維ビニール製品の採用		○												●						東急3800
	回生ブレーキ方式					○							○								国鉄 南海
	冷房装置の採用				○														○		近鉄ロマンスカー

●：東急関係
○：国鉄及び他社

代表的な電車の形式

- 21：国鉄モハ63
- 23：湘南電車　京王2600　京阪神810
- 24：モハ63改72・73　横須賀線モハ70・76　小田急1700　京阪5700　京阪1700
- 25：京王1800　東武7800
- 26：東急3800　地下鉄1400　京王2700　小田急1900
- 27：東急5000　京阪神820　南海11000　東武7800　小田急2200
- 28：東急200　相鉄5000　近鉄800
- 29：国鉄モハ90　名古屋地下鉄100　名古屋市電800　東武1700
- 30：東京都電8000　京浜700　小田急800　山陽2000
- 33：国鉄こだま　近鉄ビスタカー　阪神ジェットカー　東急ステンレスカー　南海ズームカー　京浜800

■5000形電車完成日一覧

編成	車号	完成年月日	増備目的 ※1)	記事
1	5001-5051-5002	29.10.15	東横線大井町線輸送力増強	デハ5001号車に弾性車輪試用
2	5003-5052-5004	〃	〃	デハ5004号車で鋼体荷重試験実施
3	5005-5053-5006	29.12.15	目蒲線輸送力増強	床板（鋼板）と敷物の間に耐水ベニアを追加
4	5007-5054-5008	29.12.28	〃	
5	5009-5055-5010	30.6.20	東横線急行運転の為	外板t1.6をt2.3に変更 CP、外枠、防振ゴム変更 戸ジメ機EG102ZEをH15に変更 M車温風ダクトを変更、電気暖房機を廃止 手ブレーキ変更 窓構造変更
6	5011-5056-5012	30.7.23	〃	
7	5013-5057-5014	30.9.27	〃	
8	5015-5058-5016	31.3.29	池上線3100形譲渡の為	
9	5017-5059-5018	31.5.10	東横線大井町線輸送力増強	MR冷却方式変更、MR外箱変更、MG変更、温風ダクト風量調整変更 運転室正面ガラス取付をHゴムに変更
10	5019-5060-5020	31.6.10	〃	31年6月4～8日　MR冷却暖房試験実施
11	5021-5061-5022	31.7.25	〃	側引戸ガラス取付をHゴムに変更
12	5023-5062-5024	31.8.25	大井町線池上線昇圧工事の為	
13	5025-5063-5026	31.9.22	東横線複線化による輸送力増強	
14	5027-5064-5028	31.9.30	〃	
15	5029-5065-5030	31.12.15	東横線急行4輌運用の為	
16	5031-5066-5032	32.1.13	〃	窓ワクを軽合金押出型材に変更／運転室を100mm拡大
17	5033-5067-5034	32.2.14	大井町線輸送力増強	※2)ドラムブレーキ試験　※3)電制/空制切替ブレーキ試験
18	5035-5068-5036	32.3.25	東横線輸送力増強	※2)ドラムブレーキ試験
	5101・5102	32.5.15	〃	4輌編成化のため中間電動車5100形増備
	5103	32.5.29	〃	
	5104	〃	目蒲線輸送力増強	
	5105・5106	32.7.25	〃	
	5107・5108	32.8.25	〃	
	5109	32.9.14	〃	
	5110	32.10.1	東横線4輌運転実施の為	
	5111	32.10.25	〃	
	5112	32.11.26	〃	
19	5037-5069-5038	32.12.25	〃	室内内張をベニアデコラ→アルミデコラに変更
20	5039-5070-5040	33.1.28	〃	
	5113	33.2.24	〃	
	5114	33.3.1	〃	
	5115	33.3.25	〃	
	5116	33.4.1	〃	
	5117	33.4.26	〃	
	5118	33.5.3	〃	
21	5041-5071-5042	33.6.1	3600形譲渡による	床板t1.6→t2.3とし、耐水合板廃止
22	5043-5072-5044	33.8.26	大井町線輸送力増強	
23	5045-5073-5046	33.9.30	〃	
	5201-5251-5202	33.12.1	東横線輸送力増強	5200形
24	5047-5074-5048	33.12.26	〃	
25	5049-5075-5050	34.2.26	〃	
	5151～5153	34.5.31	〃	5輌編成化のためクハ5150形増備 車輌番号重複のためサハ5050形をサハ5350形に変更改番 運転室背面仕切部通風のため通風器増設
	5051・5052	34.7.31	〃	
	5211	34.10.5	〃	5200形
	5053・5054	34.10.15	〃	
	5154	34.10.16	〃	
	5055・5155	34.10.22	〃	
	5119・5120	34.10.29	〃	

※1) 東横線以外の増備目的は東横線への5000形投入による東横線からの在来車転出による

※2) ドラムブレーキ試験実施　第1回33年5月17日：5067号車TS-301シューブレーキ・5068号車TS-308ドラムブレーキ　第2回33年8月9日：5068号車TS-308ドラムブレーキ

※3) 電制/空制切替ブレーキ試験実施　33年8月1日5033-5067-5034編成、電制空制切替時のショック緩和のため切換弁によりBC圧減圧しての試験

1961（昭和36）年現在　東横線車輛編成表

注：3608号は伊豆急行貸渡車、5106号はT車扱い。

■5000形

渋谷				桜木町
▷5001	5351	5002 ▲	5051 ▼	5151 ▽▲
▷5011	5374	5012 ▲	5052	5152 ▽▲
▷5013	5375	5014 ▲	5053	5153 ▽
▷5003	5352	5004 ▲	5054	5154 ▽▲
▷5035	5353	5006	5055	5155
▷5037	5354	5008	5047	5048 ▽▲
▷5039	5355	5010 ▲	5049	5050 ▽▲
▷5033	5117	5104	5367	5034 ▽▲
▷5005	5118	5105	5368	5036 ▽
▷5007	5119	※5106	5369	5038 ▽
▷5009	5120	5107	5372	5040 ▽
▷5015	5356	5108	5358	5016 ▽
▷5017	5357	5109	5359	5018 ▽

渋谷			桜木町
5019	5110	5360	5020
5021	5111	5361	5022
5023	5112	5362	5024
◎ 5025	5113	5363	5026
◎ 5027	5114	5364	5028
◎ 5029	5115	5365	5030
◎ 5031	5116	5366	5032
5041	5101	5371	5042
5043	5102	5370	5044
△5045	5103	5373 ▽▲	5046 ▽▲
5201	5211	5251	5202

■在来車

渋谷			桜木町
3601	3604	3771	3857
3603	3602	3678	3679
3605	3614	3774	3775
3607	3606	3859	3673
3615	3612	3677	3676
3701	3703	3702	3862
3705	3706	3704	3752
3707	3801	3802	3866
3498	3483	3478	3858
3450	3499	3477	3780
3675			
3608（貸渡車）			

■6000形

渋谷			桜木町
6001	6102	6101	6002
6201	6302	6301	6202
6003	6104	6103	6004
6005	6106	6105	6006
6007	6108	6107	6008

■凡例

▲ 5000形連結可能車
▼ 誘導無線装置
△▽
※5106号MM取外中
◎合成制輪子取付編成

50

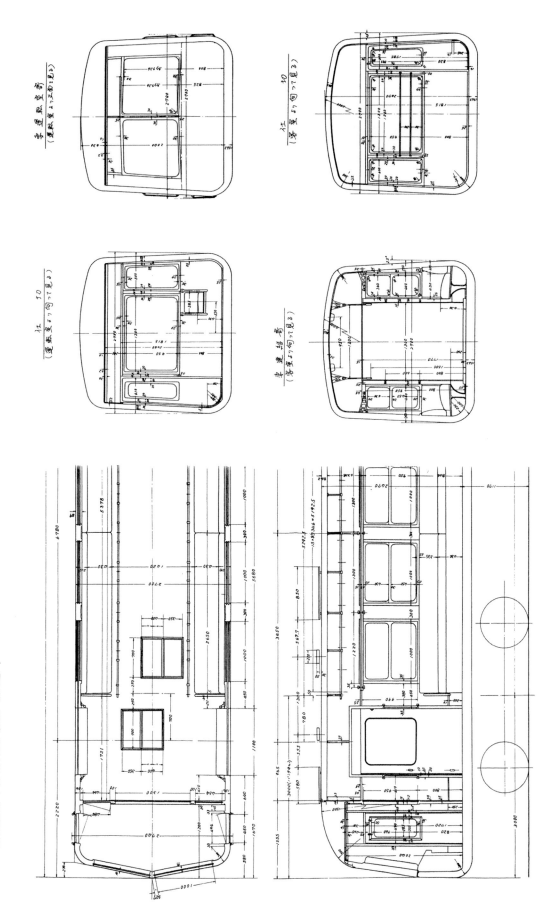

5000形先頭部車体見付図 (所蔵：宮田道一)

あ と が き

　東急沿線で生まれ育ち、電車の模型作りから入門し、武蔵工業大学の夏期実習で5000形に1ヶ月接した。技術者として進むべき道を、この時に学んだ。

　東急電鉄に入社後は、元住吉検車区の技術掛として故障の多さ故に勉強をせまられた。終電近くになると5000形のオーバーロードが多発、翌日のモーター替えでは、運用の変更と修理班の人員確保が仕事である。

　田園都市線の鷺沼検車区で助役となる頃には、5000形のクセも理解した現業に助けられ、故障対応もお手のものとなり、安定期という事を実感させられた。

　長野電鉄から地下化に伴う車輌譲渡の要望があった際は、5000形が最適という同社の熱意に加え、県庁と市の意向も「ながの東急百貨店」から伝えられ、早目の送り出しとなり、赤ガエルの誕生となった。

　その後、各地に旅立つ5000形の改修にも熱が入ったが、軽量車のメリットで「電力料金が大幅に減った！」と岳南鉄道の成岡さんから笑顔の報告をいただいた時は嬉しかった。

　田中　勇相談役の胆入りで、当事者の思い出集が発行できた事に続き、守谷氏という生き証人を得てこの本が出来上がった。今回も編集部のお世話になり、渋谷駅前の5001号にも挨拶ができることとなった。

　　宮田道一（鉄道友の会東京支部長　大誠テクノ顧問）

　私が東急車輌に入社したのは1954（昭和29）年4月で、奇しくも5000形が正に誕生しようとしている時期であった。工場実習では5000形の工事の一部を担当し、設計に配属後は艤装担当として5000形のフォローと改良設計の仕事に従事した。そこでは構想段階から最初の車輌完成に至るまで多くの関係者の努力があった事を知り、実用段階で日々発生する問題点の対応に苦労された多くの方々のお顔を今でも思い出す。多くの関係者の方々に支えられて5000形の目標であった軽量・高性能・経済性が達成できたのではないかと思う。

　東急車輌もこの5000形の開発と生産を一つの契機として、車輌メーカーの仲間入りが出来たようにも思う。5000形が誕生してから半世紀が過ぎた今、現役として残るのは熊本電鉄の2輌となってしまった。この書が愛すべき〝あおがえる〟5000形の思い出の一助になれば大変光栄だと思う。

　また、5000形については多くの方々が記録を残されている。この稿を纏めるに当って参考とさせて頂いた文献のリストを掲げ感謝の意を表したい。

　　　　　　　　守谷之男（東急車輌OB）

●参考文献
『東京急行電鉄50年史』（1973年　東京急行電鉄）
『東急車輌10年の歩みと現況』（1958年　東急車輌）
『東急車輌30年のあゆみ』（1978年　東急車輌）
『TKK超軽量電車5000型パンフレット』（1954年　東急電鉄）
『東急車輌技報第5号』（1955年　東急車輌）
『東京急行5000形の技術』（1986年　東急電鉄車両部）
『吉次利二・事績とその時代』（1985年　東急車輌・白木金属）
『電気車の科学』（1954年11月号ほか）
『鉄道ピクトリアル』（1984年4月号ほか）
『鉄道ジャーナル』（2002年12月号ほか）

渋谷行急行がポイントの通過音も軽やかに渋谷に向かう。左側は多摩川の砂利を運んだ引込み線。　　1962.11.3　新丸子　P：羽片日出夫

伊豆急の開業を控えて東横線に入線、桜木町〜
渋谷間での試運転に備え、元住吉で東急の名優
5000系、デハ3450形と並ぶ伊豆急100形。
1961.10.15 元住吉車庫 P：柴橋達夫

はじめに

　静岡県伊豆半島東岸の国鉄（現JR）伊東線伊東から下田を結ぶ伊豆急行。それは昭和年代・戦後生まれの新しい鉄道として、沿線の人々の歓喜の中、第二の黒船と大きな期待を寄せられて、1961（昭和36）年12月10日に開業しました。時あたかも日本は高度成長の道程を快調に進んでおり、国民はレジャーを楽しむ余裕が生まれ、鉄道界では新型車輌が次々と登場、そして増発に次ぐ増発と、東京オリンピックに照準を合わせて建設が進められていた東海道新幹線に熱い視線が注がれ、日本の未来はばら色に輝いていました。

　日本有数の観光地伊豆半島は、東京から至近距離にあるにも関わらず、地形上道路や鉄道建設は容易に出来ず、交通機関の発達を拒まれ、長い間その観光資源を充分に活用出来なかったのです。

　この様な状況にあった伊豆半島に1956（昭和31）年2月、伊豆下田電気鉄道㈱の計画が発表され、伊東〜下田間45.7kmの路線が決定しました。東京急行電鉄㈱の全面的なバックアップにより、着工以来20ヶ月と言う極めて短期間に、全線の3分の1がトンネルという難工事を完成させてしまいました。

観光路線として、希望に燃えた新線には、東急車輛製造㈱が設計製作した100形22輛が一挙にデビューしました。大きな窓にクロスシートと軽快な上、明るいツートンカラーの新造車は、ハワイアンブルーと魅力的なキャッチフレーズにより人気の的でした。また、開業に先立ち、4輛は東急東横線に回送されて、乗務員の訓練に供されました。これによるPR効果も見逃せません。

　東京圏のリゾート地へ、直通電車が開通以来早くも40年が過ぎました。この間にはオイルショック、地震災害や土砂崩壊による不通、バブル崩壊など様々な試練を重ねました。数々のJR特急・急行・ジョイフルトレインなど華やかな車輛にひけをとらず活躍してきた100形は、増備が続けられスコールカーやグリーン車、車体更新の1000形、そして〝Royal Box〟と改造を重ね53輛の大家族に成長し、全国のファンや伊豆の旅を愛した人々に数々の思い出を残してくれましたが、いよいよ平成14年度に全廃されることになりました。

　そのゴールに向かってラストランする100形の、誕生からこれまで活躍してきた軌跡を綴ってみました。

C58に牽かれて横浜線を行くクハ156。開業前に東急東横線で試運転をするため、東急車輛から菊名経由で東横線元住吉へ回送される際の、大変珍しい光景である。　　　1961.10.8　小机付近　Ｐ：渡辺渥美

開業を控え

　1959（昭和34）年2月に地方鉄道敷設の免許が下され、7月に工事施工認可申請書を提出、12月に施工認可を受け、1960（昭和35）年1月22日南伊東で起工式蓮台寺で鍬入れ式と、全線を一気に開通させる突貫工事は開始されました。

　1961（昭和36）年2月20日に、社名は伊豆急行㈱に商号変更され、東急電鉄に委託した車掌要員、駅務掛要員そして車輛整備担当者の研修も始められました。困難な土木工事の後、10月20日全線の軌条と架線が接続され、11月3日に待望の電車初入線、試運転電車が

開業を12月に控え、いよいよ線路も敷かれてポールも建ちはじめ、駅舎もその全容を見せた伊豆急下田駅建設工事現場。
所蔵：129Crix

伊東駅構内の工事現場。開業を目前に控え、架線も張られた。
所蔵：129Crix

伊豆高原駅構内。ポールもたくさん建てられて、開業に向け建設工事が懸命に行われている。
所蔵：129Crix

川奈〜富戸間で建設中の赤入洞橋梁。全線で最も美しく、眺めの素晴しい橋梁のひとつ。
赤入洞橋梁　所蔵：129Crix

下田に入ったのは11月16日でした。

　100形車輌は、伊東線に乗り入れる事から20m車となり、当面は3輛編成で伊豆急線内は十分と見られた事と、伊豆高原の検修設備が1輛分しかないので、単車で走行できるよう、1M方式が採用されました。

　東急5000形で実績のある制御装置の改良型であるPE－14K（東芝）、台車は同じくTS形で、コイルばねの揺れ枕は更に改良されて乗り心地の向上したものに進歩しています。駆動装置は、国鉄153系で採用されていた中空軸平行カルダン（東洋電機）と理想的な電車の出現でした。

建設中の片瀬川橋梁。　　　　　　　　　所蔵：129Crix

トラック改造のオイラン車も活躍する。　伊豆熱川　所蔵：129Crix

上空より見る河津駅。付近には田園が広がる。　　所蔵：129Crix

蓮台寺～伊豆急下田間を上空より見ると稲生沢川との関係が良くわかる。上方のトンネルを抜けると蓮台寺駅。　　　　　　所蔵：129Crix

試運転へ向け回送

　開業にむけて22輛の新製100形が東急車輛で製造され、4輛は試運転のため京浜急行逗子線・国鉄横須賀線・東海道線・横浜線を経由して菊名から東横線元住吉に回送されました。様々な線区を様々な牽引車に牽かれ、1961（昭和36）年10月8日元住吉車庫に搬入されました。菊名からは1929（昭和4）年製の電気機関車であるデキ3021号が大活躍、東横線での試運転に向けデハ3608号が特製の限界測定車に仕立てられました。東急電鉄では初めての20m車の入線ですが、100形は車体の裾が絞られているので曲線ホームでの支障はなかったようです。

　元住吉にて回送復旧、諸整備のうえ編成を組み東横線での試運転が開始されました。当時の車輛は古豪としての3000系が紺と黄色のツートンカラー、ライトグリーンの華の5000系、そして新鋭ステンレスカー6000系いずれも18m車でした。それらの車輛に見守られて2輛や4輛編成で往復を繰り返す、色彩も鮮やかなハワイアンブルーのツートンカラーの大型20m車は、沿線の人々やすれ違う乗客の目を引きつけました。車輛はクモハ115とクハ155、クモハ116とクハ156のMT編成で、11月4日まで毎日渋谷〜桜木町、元住吉〜桜木町間各2往復運転されました。

　この試運転電車の側窓には、乗客や沿線の人々に伊豆急の開通をアピールするべく「伊豆急試運転電車」「12月・伊豆急開通」と大きな紙に書かれて貼られていました。

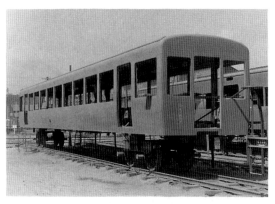

製造中の中間車の構体。手前に下げられた札からサロハ182のものと思われる。　　　　　　　　　東急車輛製造　所蔵：129Crix

すでにヘッドライトも付けられた先頭車の構体。こちらはクハ153のもののようだ。　　　　　　　東急車輛製造　所蔵：129Crix

ついに完成、東急車輛の入換車モニ101に引かれ、名車230形を横目に京急線を神武寺に向かう100形。　　　　　1961.10.6　金沢八景　P：福井紘一

古豪デキ3021に引かれて東急東横線に入線、鶴見川を渡るクハ156。　　　　　　　　　　　　　　1961.10.8　大倉山〜綱島　P：渡辺渥美

横浜線からの連絡線を通過、東急東横線に入線するクモハ115。出迎えるかのように6000系が通過する。　1961.10.8　菊名　所蔵：129Crix

菊名での入換作業中の光景。控え車の黒いワムも今となっては懐かしい。　　　　　　　　　1961.10.8　菊名　所蔵：129Crix

20m車体を持つ100形の試運転のため、東横線ではデハ3608が限界測定車の役割を担った。　　1961.11.7　元住吉車庫　P：荻原二郎

元住吉車庫のクモハ116。窓には「伊豆急試運転電車」の文字が貼り出され、東京での試運転に臨む。　1961.10　元住吉車庫　P：吉村光夫

元住吉で6000形と顔を合わせた試運転電車クモハ116。
1961.10.29　元住吉　P：福井紘一

試運転も本格化し桜木町に入った100形。当時の駅前は建物の高さが今よりもだいぶ低い。　1961.10.15　桜木町　P：柴田重利

開業時に準備された車輌は、次の4形式です。

・クモハ100（101～104号）両運転台制御電動車
・クモハ110（111～120号）片運転台制御電動車
・ク　ハ150（151～156号）片運転台制御車
・サロハ180（181・182号）合造車・トイレ付き

　外板色は、全体が軽快で明るい色で纏められており、車体の窓周りから上部はペールブルー、腰から下部にはハワイアンブルー、そして窓下に150mm幅のシルバーの帯、屋根はグレーのイボ付ビニールで、屋根上機器と床下機器はグレー塗装です。室内色は、天井は淡い水色、窓周りから幕板までは淡い桃色、腰から下は黄銅色の全てポリエステル被膜のアルミ板で、うきうきするような明るさです。腰掛けは、緑色のパイプ枠、黄銅色の背枠にブルーのモケットと枕には白のビニールカバーのクロスシート、戸袋部分はロングシートです。床は中央通路が緑、座席下が濃い緑のロンリュームです。

　また、サロハ180形は製造途中で半室1等室に変更されたので、窓配置は普通車と同じで扉も1100mm。座席は転換式で赤色のモケットです。通路は緑の絨毯で、仕切りは黒地の布模様に金糸をちりばめた合成樹脂の合わせ板です。車端側はロングシートで、普通車側の車端には水洗トイレがあり、床下に700リットルのタンクが取り付けられました。

東急デハ3701と顔を合わせたクハ155－クモハ115。ハワイアンブルーの車体色がひときわ目立つひとコマ。　1961.10.14　元住吉　P：荻原二郎

クモハ116ークハ156＋クモハ115ークハ155の4輌編成で渋谷に向かう試運転電車。　　　　1961.10.14　多摩川園前〜新丸子　P：吉村光夫

東横線多摩川橋梁を渡る伊豆急100形試運転電車

多摩川の河原に沢山の行楽客が遊ぶ休日、100形が2輌編成で桜木町に向かう。　　　　1961.10.15　多摩川園前〜新丸子　P：柴橋達夫

代官山トンネルを抜け、代官山駅に入る試運転電車クハ156－クモハ116。目指す渋谷はもう間近。

1961.10　代官山　P：荻原二郎

東急東横線での試運転も本格化し、桜木町への試運転では横浜市電と出会う。バックの三菱造船所も今はみなとみらい21へと変貌、この景色も懐かしい風景となってしまった。

1961.10.15　桜木町〜高島町　P：柴田重利

伊東へ入線

　東横線での試運転も終わり、待望の伊豆急線への入線を控え、10月の末から田町電車区の伊東支区があった伊東駅構内に毎日2～3輌ずつが回送されてきました。11月1日に国鉄と伊豆急線との線路接続式が挙行され、車輌は自力で高架の南伊東駅ホームの両側に移動留置されました。初入線した100形は、クモハ115、116号と、クハ155、156号でした。

東横線から再び回送、いよいよ伊豆へ。ひとまず伊東線伊東の木造車庫に入ったクモハ115。　　　　1961.11　伊東　所蔵：129Crix

クモハ115に取付けられた行き先板の案。実際には車体塗り分けに合わせたものが採用された。　　　　1961.11　伊東　所蔵：129Crix

間もなく始まる伊豆急線内での試運転に備え、国鉄との打合せ、そして整備にも余念がない。　　　　1961.11　伊東　所蔵：129Crix

開業も迫り急ピッチで進む準備

　伊豆急線内の軌道の完成により、11月3日から伊豆高原検修区への入線も始まり、編成テストが区内で行われ試運転の準備が整いました。下田方面への軌道整備に合わせて試運転は南へと進み、下田駅に到達したのは11月16日のことでした。

　試運転は湯煙や潮風を豊富に受けて豊かな緑の山や眩しい陽射しの海を間近に精力的に続けられました。段取り良く短期間で新車の整備が進められたのは、技術の裏付けがあったからでしょう。

伊東線の70系と試運転の100形。　　　1961.11　伊東　P：渡辺渥美

伊東駅に入った試運転電車クモハ112他と停車中の伊東線80系。
　　　　　　　　　　　　　　　1961.11　伊東　所蔵：129Crix

試運転電車の乗務員。車内にはウェイト代用のブレーキシューが見える。　　　　　　　　　1961.11　伊豆急下田　所蔵：129Crix

開業が迫り、いよいよ試運転に入ったクモハ116－クハ156。　　　　　　　　　　　　　　　　　　　　　　　　　　　1961.11　南伊東　所蔵：129Crix

湯煙り漂う湯の町、熱川で停車中のクモハ114。開業も間近に迫り、温泉街の期待も高まる。　　　　　　　　1961.11　伊豆熱川　所蔵：129Crix

片瀬白田駅に停車中の100形試運転電車。乗務員も各種チェックに余念がない。　　　　　　　　1961.11　片瀬白田　所蔵：129Crix

伊豆高原駅改札より見た伊豆大島。 1961.12.30　伊豆高原　P：関田克孝

高原ロッジ風の駅舎を持つ開業時の伊豆高原駅。 1961.11　伊豆高原　所蔵：129Crix

海を横目に走る100形試運転電車。初入線なのだろうか、屋根にはパンタグラフと架線の状況をチェックする2人の掛員の姿が見える。

1961.11　伊豆熱川～片瀬白田　所蔵：129Crix

100形試運転電車が真新しい軌道を快走する。

1961.11　伊豆稲取付近　所蔵：129Crix

開通の日、喜びに沸く伊東駅に姿を現した祝賀列車をカメラの砲列が出迎える。先頭に立つクモハ120の貫通路には五島慶太氏の遺影が掲げられていた。
1961.12.9　伊東　P：鈴木靖人

開通を祝う伊東駅改札口の装飾。1961.12.9　伊東　所蔵：129Crix

改札口から伊東線電車を見る。　　1961.12.9　伊東　所蔵：129Crix

祝賀電車が伊豆高原に到着。　　　　1961.12.9　所蔵：129Crix

伊東駅前の賑わい。　　　　　　　1961.12.9　伊東　所蔵：129Crix

伊豆急下田駅の開通式。ホームの溢れんばかりの人々が沿線の喜びを表しているかのようだ。　　　　　1961.12.9　伊豆急下田　所蔵：129Crix

小旗を振って喜びに沸く沿線の人々。
1961.12.9　伊豆大川　所蔵：129Crix

芸者さんも出迎えた温泉町稲取の開通式。
1961.12.9　伊豆稲取　所蔵：129Crix

開通に沸く沿線

　伊豆半島待望の伊豆急線が下田まで開通し、新車の100形が姿を見せた事は、地元にとっては長年の夢が現実のものとなった事であり、感謝され大歓迎されました。沿線各地では祝賀気分が盛り上がり、大変な賑わいを見せ、千切れんばかりに振られる旗の波の中で100形の歴史が始まったのでした。

初めて鉄道が出来た喜びに賑わう開通式当日の伊豆急下田駅前。
1961.12.9　伊豆急下田　所蔵：129Crix

アドバルーンや大きなテントを囲み、大勢の住民や関係者・報道陣が集まって開通を祝った。
1961.12.9　伊豆急下田　所蔵：129Crix

100形との出会い

開通祝賀列車に駆け寄るホームの子供達。彼らの町に初めてやってきた
鉄道車輛は伊豆急100形だったのだ。

1961.12.9　伊豆急下田　所蔵：129Crix

伊豆急行線の開通は、大きな期待を乗せて、開通の日から伊東線の熱海まで100形の5輌編成が3往復乗り入れ運転されました。国鉄の準急〈伊豆号〉、そして土休日には〈おくいず号〉が伊豆急下田まで乗り入れ、さらに旧型国電クハニ67や70・80系を始め、東急から応援に来たデハ3600形、ステンレスカーの7000・7200系などの顔ぶれと100形との出会いが沿線各地で誕生しました。翌1962（昭和37）年には早くもクモハ121号、クハ157～159号、そしてサロハ183号と5輌の100形が新造されました。

伊豆急100形急行と国鉄クハニ67を先頭にした旧型国電編成急行が並ぶ。
1962.12.9　伊豆急下田　P：荻原二郎

応援に来たステンレスカー東急7000系とクモハ103の編成。
1964.7.13　伊豆急下田　P：宮田道一

伊豆急カラーを身にまとい、伊豆急100形の応援に来た東急デハ3612。
1963.7.20　伊豆高原　P：荻原二郎

開通祝賀板を掲げた伊豆急クモハ117と伊豆急線に乗り入れた国鉄80系の出会い。　　　　　　　　　　　　　　　　　1961.12.9　伊東　P：鈴木靖人

100形ファミリー

100形は22輌で開業を迎え、2～5輌編成で運転されました。その後、乗客の増加と共に順次増備され、列車の編成も長くなるにつれて中間付随車のサハ170形

(1964年) や中間電動車のモハ140形 (1968年)、そして本格的なビュフェ車サシ190形など計53輌が製造され、幾多の改造もなされました。

熱海乗り入れ車は1963 (昭和38) 年に7輌、69年に8輌、72年9輌、そして73年に10輌化されました。

100形の代表クモハ100形の揃い踏み。

1961.12.9　伊豆高原　P：吉村光夫

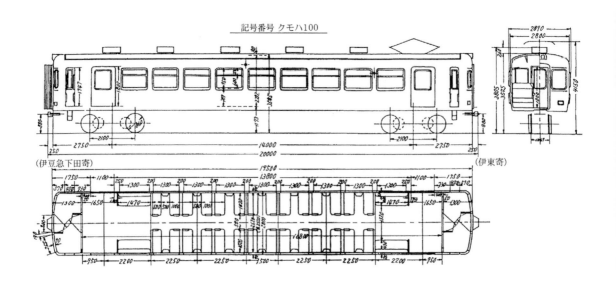

記号番号 クモハ100

(伊豆急下田寄)　　　　　　　　　　　　　　　　　　　　　　(伊東寄)

開通祝賀列車に使用されたクモハ120。

1961.12　伊豆高原　P：吉村光夫

クモハ119伊東寄妻部からの山側。

1964.7.13　伊豆急下田　P：宮田道一

クハ160伊東寄乗務員室からの山側。

1976.10.10　伊豆高原　P：佐藤良介

クハ156伊東寄乗務員室からの海側。

1976.10.14　伊豆高原　P：佐藤良介

サロハ181・182は普通車を設計変更した合造車で、伊東寄は転換クロスシート24名とロングシート6名の優等室。妻面左の窓はガラスが埋められて便所になっている。　　1964.7.13　伊豆高原　P：宮田道一

サロハ180形の普通室。下田寄で定員41名のセミクロスシート配置である。　　　　　　　　　　1970.5.9　伊豆高原　P：杉山裕治

100形の運転台は、1964（昭和39）年製のクモハ124号から高運転台に設計変更され、正面窓はほぼ正方形となり、前照灯は窓下に移されて4灯となりました。方向板は貫通扉の窓下でアンドン式に改良されましたので、東急6000系スタイルであった前面デザインは独自のものとなりました。また落石および事故で破損したクハ151・152号も改修時に高運転台となりました。さらに1982（昭和57）年に中間車に運転台を取り付けたクモハ129〜131号、クハ161号は、切妻の高運転台となり、100形の大変身です。

転換クロスシートが並ぶサロハ180形の優等室。　　　　　　　　　　1970.5.9　伊豆高原　P：杉山裕治

100形の普通車車内。　　　　　　　　　　　　　　　　　　　　伊豆高原　所蔵：129Crix

サロ180全室優等車誕生

100形のうち、優等車は開業時に合造車サロハが2輌製造されて、熱海乗り入れ列車の編成に連結されていました。翌年7月には183号が増備されましたが、1963（昭和38）年には、伊東線の7輌化と共に1等車は全室となり、新設計の全室サロ184・185号車がトイレ洗面所付で誕生しました。半室車は、国鉄に回送して方転した上、連結して1輌分とし、3輌保有していましたから、不足する半室分にはクハ155号をクロハに改造し車号についてはそのままで1970（昭和45）年まで使用されました。

1964（昭和39）年にはサロ186号が加わり、開業僅か2年半でサロハ・サロ計7輌を保有する事になり、更に1968（昭和43）年には冷房準備車187号を新造しました。

サロの進化は更に進み、1970（昭和45）年に新設計の冷房車がリクライニングシートで登場、車番を埋めるようにサロ181・182号として投入されました。この結果として合造車クロハ155号はクハに再改造、サロハ181・182号はサハに改造され173・174号となりました。非冷房車184から187号は1972（昭和47）年までに冷房化されました。残る合造車183号はサシと編成を組んでいましたが、1973（昭和48）年にはサハ化され177号となり、合造車は消滅しました。

伊東線のグリーン車廃止に伴い、1986（昭和61）年8月に全6輌がサハ化されて、以後のRoyal Box誕生につながっていくのです。

全室優等室のサロ180形の車内。　1971.3.19　伊豆高原　P：杉山裕治

サロ180形184～187の4輌の壁面には楽しいエッチングイラストが使われていた。
伊豆高原　P：杉山裕治

東急車輌製造から到着したばかりの新製車サロ184。下田寄からの海側側面を見る。　　　　　　　　　　1963.7.20　伊豆高原　P：荻原二郎

100形構体組立図

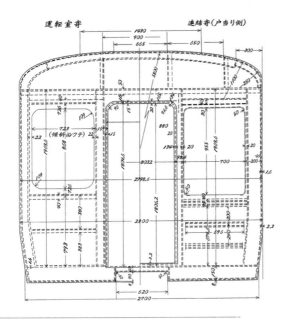

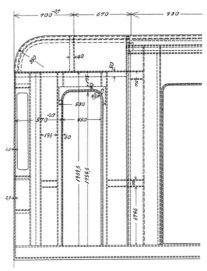

TS-316台車

　100形の台車は、東急5000形のTS-301から発展改良されたもので、下揺れ枕をなくしてコイルばねの横剛性を活用した軽量でメンテナンスの楽な構造です。

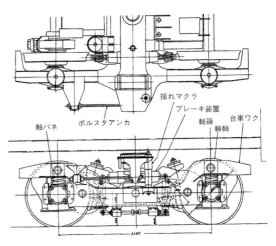

記号番号 サロ180

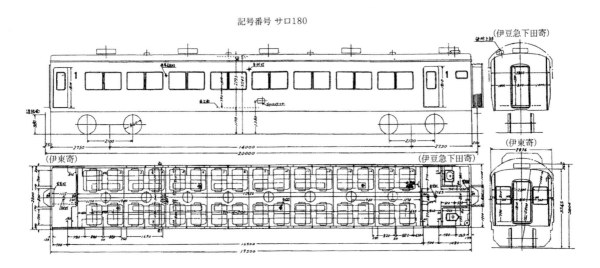

100形の顔

クモハ121 下田寄	クモハ103 伊東寄	クモハ116 下田寄
クハ159 伊東寄	クモハ115 下田寄	
クモハ125 下田寄	クハ152 伊東寄	クモハ129 下田寄
クモハ1101 下田寄		クハ1501 伊東寄

モハ140	クハ150	サハ191
下田寄	下田寄	下田寄
サシ191		クモハ110
伊東寄		伊東寄
サロ181		サロハ183
伊東寄		下田寄
サロハ183	サハ173	サロハ181
伊東寄	下田寄	下田寄

100形の背中

初期の伊豆高原駅構内。　　　1962年　伊豆高原　P：吉村光夫

急行伊東行きに充当の100形電車。　　1962年　富戸　P：吉村光夫

伊豆急下田行〈南伊豆号〉。　　　1962.4.15　伊東　所蔵：129Crix

重連で貨物列車牽引に活躍するクモハ100形。最後尾には東急からの応援車デハ3608が連結されている。　　　1963.5.11　伊東　P：荻原二郎

切妻高運転台の先頭車化改造車を先頭に白田川橋梁を渡る。 1983.11.13 片瀬白田〜伊豆熱川 P：杉山裕治

5輛編成から7輛編成となった熱海直通列車。 1969.7.3 蓮台寺 P：杉山裕治

納涼電車〈ブルーサントリー号〉のテープカット。先頭部にはアンドン式のヘッドマークが見える。　　　　　　　1962.7.27　伊東　所蔵：129Crix

ハワイアン生バンドの演奏で賑わう〈ブルーサントリー号〉の車内。
　　　　　　　　　　　　　　　1962.7.27　所蔵：129Crix

ブルーサントリー号

　ウイスキーメーカーとしては破竹の勢いであったサントリーがビールを新発売することとなり、それを宣伝する企画として、100形を使用した納涼電車〈ブルーサントリー号〉が1962（昭和37）年夏に運転されました。車内に折りたたみテーブルを取り付け、網棚にはモールやペナントで飾り付け、ハワイアンの生バンド演奏でムードを盛り上げました。列車の前後には、アンドン式の看板が固定され、日中の普通運用では、行き先表示をしてそのまま運転されました。

一般運用時の〈ブルーサントリー号〉専用車。ヘッドマークに行先を掲示して運用された。　　　　1962.8.11　伊豆高原　P：宮田道一

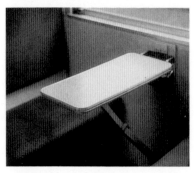

〈ブルーサントリー号〉の運転に際し、100形の4輌（111・113・114・157）に折りタタミテーブルが取り付けられ専用編成となった。同列車の運転終了後もそのままで使用されていたが、1971年9月に撤去されて固定テーブルとなった。　　　　　　1962.7.27　P：杉山裕治

スコールカー　サシ191

　1963（昭和38）年４月のサントリービール発売を宣伝するのにふさわしいアイデアとして、サントリーから無償で提供されたのがサシ191号です。国鉄時代の電車食堂車の100形版と言える、私鉄唯一の車輌として誕生しました。

　冷房車は珍しい時代ですから、伊豆を訪れる観光客には好評で、夏場の冷房車は貴重な存在でしたが、運用は伊東〜伊豆急下田間の自線内のみでした。

　車内のレイアウトは、ほぼ中央の乗客用の出入口の

完成時の壁面のイラスト。　　　　　　1963.5　P：吉村光夫

製作発表会。　　1963.4　銀座東急ホテル　所蔵：129Crix

カウンターからテーブル席を見る。　　1963.5　P：吉村光夫

サシ191 "スコールカー" の落成時の姿。　　　　　　　　1963.4　東急車輛製造　P：宮田道一

完成時の壁面のイラストはその後、この絵に変更された。また完成時はこの右側にあった木製のトリスおじさんのイラストは後に撤去されてしまい、跡にはサントリービールのラベルのイラストが描かれた。
所蔵：129Crix

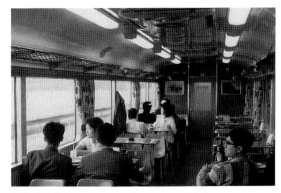

伊豆の旅を楽しむ人々で賑わう〝スコールカー〟車内。
1963.5　P：吉村光夫

伊東寄リに調理室があって、カウンターはその前と海側の窓に沿って設けられています。下田寄リには4人席が海山とも各6テーブルが配置されています。

　冷房装置はユニットクーラーが天井に6台、電源用として25kWのMGが床下に取り付けられました。

　伊東線乗リ入れは叶わず、自線内のみの乗車時間の短い運用であり、真に使用されたのは僅かな期間であったのは残念でした。晩年はほとんど営業されず、ラウンジカー的な扱いのあと休車となり、1974（昭和49）年に機器をサハ191号に譲って車体は解体されてしまいました。

この楽しい私鉄唯一の食堂車も残念ながら永くは続かず、1974年には姿を消してしまった。　1963.4.27　所蔵：129Crix

伊豆高原に搬入された〝スコールカー〟。開業当初の車輌は塗色の退色が非常に早かったため、このサシ191から退色の少ない塗料に変更された。そのため、登場時にはこのような濃淡差が見られた。
1963.4.21　伊豆高原　P：吉村光夫

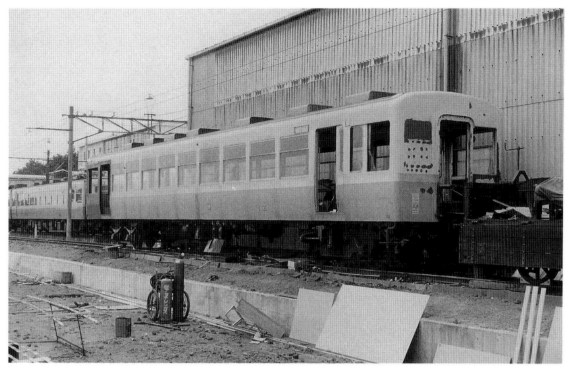

出入口が車端に寄った半室グリーン車サロハ183を一般車に改造する。同車は改造後、サハ177となった。　　　1973.5.13　伊豆高原　P：杉山裕治

車種変更改造

　千変万化の流れを纏めてみますと、スコールカーのサシ191号の用途変更により、転換クロスシートのサハ191号が車体を新造して誕生した事は、後の車体更新車1000形への布石となりました。

　合造車サロハ181・182号は、全室グリーン車サロ181・182号冷房車新製により、サハ173・174号になり、1970（昭和45）年に便所はそのままで転換シートは固定式になり、仕切壁は撤去されました。また、最後まで残った合造車サロハ183は、他の中間車と統一すべく車端寄りの出入口を移す工事を受け、便所無しのサハ177号となりました。

　一方、輸送客減少による短編成化時代に対応して中間車モハ140形3輛とサハ176号が1982（昭和57）年に先頭車化され、クモハ129～131号・クハ161号となりました。

　その後、バブル時代を反映して、2100形〝リゾート21〟が登場しましたが、100形では1990（平成2）年に旧サロ184号を大改造してRoyal Boxサロ1801号が誕生、これが好評を博した成果としてリゾート21にもRoyal Boxが新製されたのです。

　役割を果たしたRoyal Boxサロ1801号は2001（平成13）年にサハ1801号となりましたが、100形最後の日まで活躍する幸運児となりました。

〝スコールカー〟サシ191から改造されたサハ191。一般車では初の冷房車となった。　　　1975.11.23　伊東　P：佐藤良介

サロハ180形からサハ170形に改造された173・174の2輛は、1983年5月から1985年11月までの間、東急5000系から転用のTS-301台車を使用していた。　　　伊豆高原　P：佐藤良介

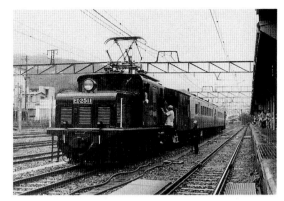

搬入時、伊東ではED25がお出迎え。　　　　1983.8　所蔵：129Crix

涼やかに冷房を回して一路伊豆急下田に向かう1000形。
1979.8.12　伊豆高原〜伊豆大川　所蔵：129Crix

1000形誕生

　100形の車体を更新するため、新設計の車体を新製、機器は流用してクモハ1100形とクハ1500形が1979（昭和54）年と83年に2輌ずつ誕生しました。

　正面の窓は、サイドまで延びた曲面ガラスを採用、客室窓はフレームレスバランサー付の一段下降式で、車内のデザインはサハ191号に同じです。

黒船祭のヘッドマークを付け、快速運用に入った1000形。100形との4輌編成である。
伊豆急下田　所蔵：129Crix

ED2511に引かれ、運転席側同士を連結した回送時ならではの編成で伊豆高原に向かう。 1983.8 富戸〜城ヶ崎海岸 所蔵：129Crix

100形との8輛編成の先頭に立って熱海に向かう1000形。
1979.8.18 今井浜海岸〜伊豆稲取 所蔵：129Crix

100形解体

　開通以来活躍して来た100形も、1979（昭和54）年2月にクモハ118・クハ155号が1000形へ機器を譲るために解体されました。さらに4年後にもクモハ120・クハ154号が同じく活用されました。

　1985（昭和60）年には、2100形の新製に際してクモハ114・115、クハ152・153号の4輌が代替として解体、翌年にもクモハ116・117、クハ151・158号が解体されました。その後も2100形の新製により次々と伊豆高原で解体され、さらに後継車のJR東日本113系が2000（平成12）年7月より導入されるに及び、解体の速度は早まったのです。

2100形に機器を譲り解体されるクハ151。
1986.8.3　伊豆高原　P：杉山裕治

1000形に機器を譲ったものの、解体を免れ倉庫になったクモハ120と118。
1984.4.8　伊豆高原　P：杉山裕治

解体中のクハ158。機器類は2100形 "リゾート21" に流用された。
1986.8.3　伊豆高原　P：杉山裕治

100形初の解体は1979年のクハ155。1000形へ機器を譲るためであった。
1979.2.6　伊豆高原　P：栗原　久

美しい海岸線を走る100形の伊豆急下田行8輌編成。　　　　　　　　　1971.8　片瀬白田〜伊豆稲取　P：杉山裕治

山深い稲梓橋梁を渡るクモハ110ーサシ191ーサロハ183ークモハ100の4輌編成。　　　1971.8　蓮台寺〜稲梓　P：杉山裕治

100形との出会い　その後

　伊豆急行線へ乗り入れてくる車輌と100形の出会い
は、国鉄からJRへと変わり、乗り入れ車輌も40年の間
には、めまぐるしく変わりました。

　JRの近郊型と特急型は、観光地伊豆を目指して続々
と乗り入れ、113系、153系、157系、183系、185系など
車種も多様化して次々と新たな出会いが誕生しました。

　最高の出会いは、下田須崎御用邸の完成によりお召
し列車が157系で運転されたことでしょう。

クロ157を連結した国鉄157系お召し列車とクモハ122。
　　　　　　　　　　　　　伊豆高原　所蔵：129Crix

伊豆方面初の特急列車は157系〈あまぎ〉。右はクモハ118。
　　　　　　　　　　　　　　河津　P：杉山裕治

軌道検測車マヤ34を牽引して伊豆急に入線した国鉄クモハ73形と伊豆
急クモハ104。　　　　　　　伊豆高原　所蔵：129Crix

153系急行〈伊豆〉とEF15 157、国鉄を代表する車輌たちと出会うクハ157ほか熱海行編成。　　　　　　　1981.2.23　伊東　P：杉山裕治

熱海では東海道本線の多くの列車と出会った100形。クモハ111と165系
急行〈東海〉静岡行き。　　　　　　　　　　熱海　P：杉山裕治

ED2511と1000形クモハ1101。1000形には桜まつりのヘッドマークが取
り付けられている。　　　　　1982.4.4　伊豆高原　P：杉山裕治

珍しく伊豆急に入線した横須賀色113系の伊豆稲取行きとクモハ123熱
海行。　　　　　　　　　1978.3.3　伊豆高原　P：辻村　功

2100形〝リゾート21〟から〝リゾートエクスプレスゆう〟と100形を見
る。　　　　　　　　　1991.11.27　伊東　P：杉山裕治

桜まつりのヘッドマークを取付けたクハ160と顔を合わせた東海道本線
の113系。　　　　　　　1985.4.7　熱海　P：杉山裕治

100形の機器類を流用して誕生した後継車輌、2100系〝リゾート21〟と
並んだクモハ124。　　　　1991.12.15　伊豆高原　P：杉山裕治

157系に代わって伊豆急線に入線することになった183系。その試運転列
車とクモハ123が離合する。　　1976.1.5　富戸　P：杉山裕治

185系とクモハ1101。実際には使用されなかった〈あまぎ〉のヘッドマー
クが珍しい。　　　　　　1981.3.22　伊豆高原　P：杉山裕治

Royal Boxサロ1801誕生

　開業時より伊東線内で運用されていた優等車は、グリーン車と変わり、同線の合理化で1986（昭和61）年に廃止されました。その後、車輌はサハとして使用されていましたが、観光客の要望を受け、Royal Boxサロ1801号が184号を改造して1987（昭和62）年3月に誕生しました。車輌の出入口は中央で4枚折リ戸。海側の側窓は高さ950mmに拡大し、客室は熱海側が禁煙室、下田側が喫煙室と分けられ、中央部山側にはカウンターを設けて専任の乗務員がサービス・案内に当たるものです。禁煙室の内張リは植毛パネルとするなど、ハイグレードのサービスを目指した車輌でした。

サロ1801の伊東寄リより見る海側外観。この頃は金帯は巻いていない。
1987.5.4　伊豆高原　P：杉山裕治

車内下田側は喫煙室で、サービスカウンターがあるのが特徴。
1987.5.4　伊豆高原　P：杉山裕治

熱海側は禁煙室。普通車側からも利用可能なトイレを設置。写真の中央仕切の奥が喫煙室になる。　1987.5.4　伊豆高原　P：杉山裕治

サハ184から改造工事、完成間近のRoyal Boxサロ1801（山側）。塗装前のホワイトボディも美しい。　　　　1987.3.8　伊豆高原　P：杉山裕治

床下機器配置図

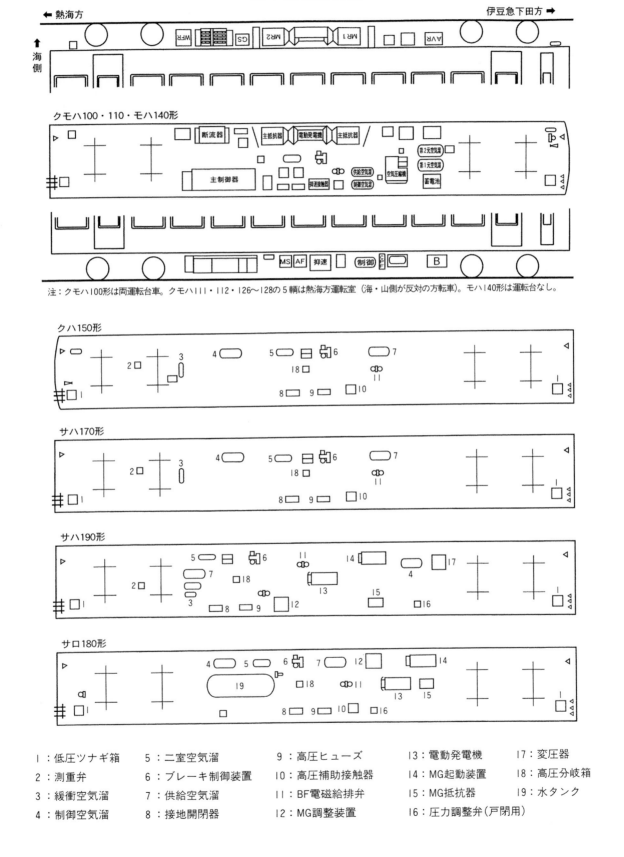

← 熱海方　　　　　　　　　　　　　　　　　　　　　　　　　伊豆急下田方 →

↑ 海側

WFR GS MR2 MR1 AVR

クモハ100・110・モハ140形

断流器　主抵抗器　電動発電機　主抵抗器
主制御器
供給空気溜　空気圧縮機　第2元空気溜　第1元空気溜
抑速接触器　緩衝空気溜　蓄電池

MS AF 抑速　制御 B

注：クモハ100形は両運転台車。クモハ111・112・126〜128の5輛は熱海方運転室（海・山側が反対の方転車）。モハ140形は運転台なし。

クハ150形

2　3　4　5　6　7　18　11　8　9　10　1

サハ170形

2　3　4　5　6　7　18　11　8　9　10　1

サハ190形

5　6　7　18　11　14　17　13　4　15　3　8　12　16　2　1

サロ180形

4　5　6　7　12　14　19　18　11　13　15　8　9　10　16　1　2

1：低圧ツナギ箱	5：二室空気溜	9：高圧ヒューズ	13：電動発電機	17：変圧器
2：測重弁	6：ブレーキ制御装置	10：高圧補助接触器	14：MG起動装置	18：高圧分岐箱
3：緩衝空気溜	7：供給空気溜	11：BF電磁給排弁	15：MG抵抗器	19：水タンク
4：制御空気溜	8：接地開閉器	12：MG調整装置	16：圧力調整弁（戸閉用）	

100形の変遷　その誕生から現在まで

| 101 | 1961.11 ⇨ | 101 | 1991. 4 ⇨ 廃車 2002. 5 |

101 1961.11 ⇨ 廃車 2001.10

103 1961.11 ⇨ 103 1995. 6 ⇨ 保存（構内入換用）

104 1961.11 ⇨ 廃車 2001.10

111 1961.11 ⇨ 廃車 1993. 8

112 1961.11 ⇨ 112 1994. 9 ⇨ 廃車 2001.10

113 1961.11 ⇨ 廃車 1990. 3（2100系4次車に代替）

114 1961.11 ⇨ 廃車 1985. 7（2100系1次車に代替）

115 1961.10 ⇨ 廃車 1985. 7（2100系1次車に代替）

116 1961.10 ⇨ 廃車 1986. 6（2100系2次車に代替）

117 1961.11 ⇨ 廃車 1986. 6（2100系2次車に代替）

118 1961.11 ⇨ 廃車 1979. 8 1101 に更新⇨ 廃車 2002. 2

119 1961.11 ⇨ 廃車 1989. 3（2100系4次車に代替）

120 1961.11 ⇨ 廃車 1983. 8 1102 に更新⇨ 廃車 2002. 5

121 1962.12 ⇨ 121 1991. 8 ⇨ 廃車 2002. 4
※スカート取付 1995.2

122 1963. 9 ⇨ 122 1991. 7 ⇨ 廃車 2001.12
※スカート取付 1995.2

123 1963. 9 ⇨ 廃車 2001. 3

124 1964.10 ⇨ 廃車 2001. 3

125 1964.10 ⇨ 125 1991. 5 ⇨ 廃車 2001.10
※スカート取付 1995.2

126 1964.10 ⇨ 126 1992. 2 ⇨ 廃車 2002. 5
※スカート取付 1995.2

127 1964.10 ⇨ 127 1991. 6 ⇨ 廃車 1994. 1

128 1968.10 ⇨ 128 1991. 7 ⇨ 廃車 2002. 2

141 1968.10 ⇨ 廃車 1989. 3（2100系4次車に代替）

142 1969. 7 ⇨ 廃車 1990. 3（2100系4次車に代替）

143 1969. 7 ⇨ 廃車 1990. 3（2100系4次車に代替）

144 1969. 7 ⇨ 廃車 1993. 8

145 1969. 7 ⇨ 129 1982.10 ⇨ 129 1995. 6 ⇨ 廃車 2002. 5

146 1970. 6 ⇨ 130 1982.10 ⇨ 130 1992. 2 ⇨ 廃車 1994. 1

147 1970. 6 ⇨ 131 1982. 7 ⇨ 131 1992. 2 ⇨ 廃車 2002. 5

クモハ104とサロ801を組んだ100形Royal Box 4輌編成伊豆急下田行。
富戸〜川奈　P：田村和之

ログハウスの駅舎を持つ城ケ崎海岸駅に進入する100形編成。
1991.9.12　城ケ崎海岸　P：杉山裕治

151 1961.11 ⇨ 151 1966. 7 ⇨ 廃車 1986. 6（2100系2次車に**代替**）

152 1961.11 ⇨ 152 1968.12 ⇨ 廃車 1985. 7（2100系1次車に**代替**）

153 1961.11 ⇨ 廃車 1985. 7（2100系1次車に**代替**）

154 1961.11 ⇨ 廃車 1983. 8 1502 に更新⇨ 廃車 2002. 5

155 1961.10 ⇨ -155 1963.12 ⇨ 155 1970. 6 ⇨ 廃車 1979. 8 1501 に更新⇨ 廃車 2002. 2

156 1961.10 ⇨ 廃車 1989. 3（2100系4次車に**代替**）

157 1962. 7 ⇨ 廃車 2001. 3

158 1962. 7 ⇨ 廃車 1986. 6（2100系2次車に**代替**）

159 1962. 7 ⇨ 廃車 1990. 3（2100系4次車に**代替**）

160 1972. 7 ⇨ 160 1992. 2 ⇨ 廃車 1994. 1

171 1964. 8 ⇨ 廃車 2001. 3
　　　　　　　※業務室を便所に改造 1986.11

172 1968.10 ⇨ 172 1992. 2 ⇨ 廃車 2002. 5
　　　　　　　　　　　　※業務室を多様室に改造 1984.11

175 1972. 7 ⇨ 廃車 1993. 8

176 1972. 7 ⇨ 161 1982. 7 ⇨ 161 1994.10 ⇨ 廃車 2001.10

-181 1961.11 ⇨ 173 1970. 6 ⇨ 廃車 1986. 7（2100系2次車に**代替**）
　　　　　　　　　　　※台車振替 1983.5.15 ～ 1985.11.16

-182 1961.11 ⇨ 174 1970. 6 ⇨ 廃車 1986. 7（2100系2次車に**代替**）
　　　　　　　　　　　※台車振替 1983. 5.15 ～ 1985.11.16

183- 1962. 7 ⇨ -183 1966. 2 ⇨ 177 1973. 7 ⇨ 廃車 1986. 7（2100系2次車に**代替**）

-181- 1970. 6 ⇨ 181 1986. 8 ⇨ 廃車 2001.10

-182- 1970. 6 ⇨ 182 1986. 8 ⇨ 廃車 2002. 4

-184- 1963. 7 ⇨ -184- 1971. 3 ⇨ 184 1986. 8 ⇨ =1801 1987. 3 ⇨ 1801 1999. 5 ⇨ 廃車 2002. 5

-185- 1963. 7 ⇨ -185- 1972. 2 ⇨ 185 1986. 8 ⇨ 廃車 2002. 2

-186- 1964. 7 ⇨ -186- 1970.12 ⇨ 186 1986. 8 ⇨ 廃車 2001.12

-187- 1968.10 ⇨ -187- 1971. 4 ⇨ 187 1986. 8 ⇨ 廃車 1994. 1

191 1963. 4 ⇨ 191 1974. 6 ⇨ 廃車 2001.12

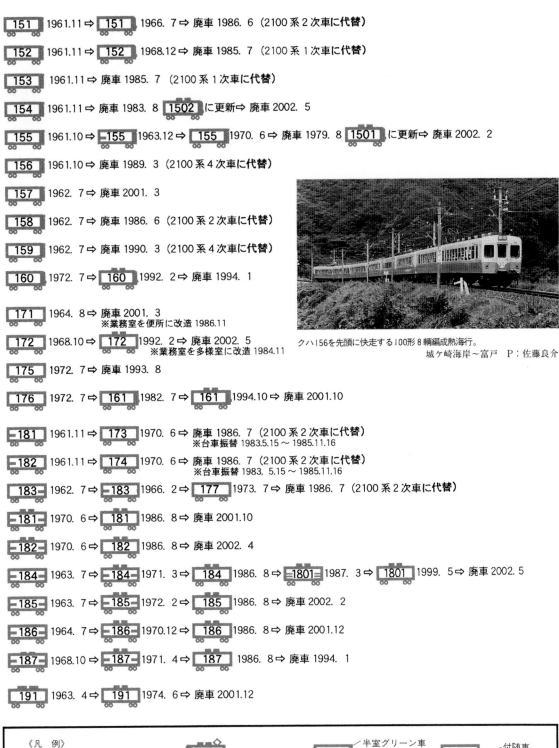

クハ156を先頭に快走する100形8輌編成熱海行。
城ヶ崎海岸～富戸　P：佐藤良介

《凡　例》

標準型運転台 / 高床式運転台 / パンタグラフ / 冷房車 / 電動車 / 切妻型運転台 / 制御電動車 / 制御車 / 半室グリーン車 / グリーン車 / ロイヤルボックス / 付随車 / 冷房準備車 / スコールカー

冷房化とブレーキの改造

　100形の冷房車はスコールカーとして華々しく登場したサシ191号が最初で、旧グリーン車180形の181・182号は新製時より冷房を装備しており、その他のサロは1971（昭和46）年に冷房改造を完了しています。

冷房改造されたクモハ122の外観。独特の冷房装置が目立つ。
1998.3.5　伊豆高原　P：杉山裕治

冷房改造車の室内。モケットも柄入となった。
伊豆高原　P：杉山裕治

　普通車の冷房はサシを解体し部品流用の新車体としたサハ191号が最初で、その後車体更新の1000形で1979（昭和54）年から投入されました。

　100形一般車は車輌毎に差異があり、全室冷房、クロスシート部のみの一部冷房など種々のシステムが見られました。非冷房のままで解体されたのは25輌です。

　また、ブレーキ装置は、伊東線の旧型国電に合わせて、開通時は自動ブレーキ方式（中継弁付電磁自動空気制動発電ブレーキ併用）でしたが、同線の113系化により1982（昭和57）年から83年にHSCD方式（電磁直通ブレーキ発電ブレーキ併用電磁自動ブレーキ併用）となりました。

冷房改造後のクモハ121、下田寄海側外観。前照灯はシールドビーム化され、スカートも取り付けられた。　　　　　　　　　　　伊豆高原　P：杉山裕治

100形最後のイベント

100形のフィナーレを飾るイベントは、多数計画されました。1994（平成6）年9月には、唯一の電気機関車であるED2511の引退イベントが実施され、100形（104＋102）が客車として連結され、沢山のファンを乗せて運転されました。

2000（平成12）年1月から1年間にわたって展開された「伊豆新世紀創造祭」には、伊豆にかえるという願いを込めた蛙のキャラクターの顔が前面に加えられました。

また、沿線の名物となった「伊豆高原さくら祭」と「河津さくら祭」の観光客輸送にも100形は特別な装いで活躍し、快速運転も実施されました。

さらに、伊豆急開業40周年記念の各種イベントにも起用された100形は、最後の走りに入ったのです。

伊豆半島22市町村による伊豆新世紀創造祭が2000年1月より開催。これに合わせて前面にキャラクターを描いて活躍するクモハ121ほか。
伊豆高原～伊豆大川　P：割谷英雄

河津ざくら見物客輸送のため銀帯をさくら色に変更し、最後の活躍をするクモハ123ほか3輌編成。　2001.2　伊豆急下田　P：割谷英雄

ED2511のさよなら運転撮影会には大勢のファンや家族連れが集まり、伊豆急下田駅構内は賑わいを見せた。　1994.9.25　P：杉山裕治

復活運転された急行〈伊豆〉の167系と並んだ100形。右は新塗色の185系〈踊り子〉。　2001.12.9　伊豆急下田　P：比企恒裕

ED2511のさよなら運転。100形104＋102が代用客車として使用された。　1994.9.25　伊豆急下田　P：杉山裕治

おわりに

　日本のハワイ、海のきれいな南伊豆に華々しく登場した伊豆急100形は、ハワイアンブルーの観光電車として、長い間沿線の人々を運びつづけたのでした。製造輌数は53輌、MT編成の2輌編成から最大10輌の運転まで、早朝から深夜まで大活躍の40年間でした。

　一方、100形の後継車として新造された2100形は、5編成40輌が製造されましたが、8輌固定編成のため運用は日中に限られてしまいます。このため、100形が担っていた短編成運用には、今後はJRから購入した113系と115系があたります。

　長年親しんだ沿線の通勤・通学、別荘などの乗客、伊豆を訪れた観光客とファン、いずれの人々にも100形は伊豆急そのものとの印象を与えてくれたように思えます。

　このような100形は、本年、2002年春終焉を迎えました。伊東〜伊豆急下田間においてお別れ運転が様々なかたちで行われ、別れを惜しみました。40年間の活躍の場は、伊豆半島だったのです。

さよならイベントを前に最後の勢ぞろいをした100形の顔3種。
2002.2.18　伊豆高原　P：比企恒裕

　本書をまとめるにあたりまして、伊豆急行株式会社、伊豆急行研究会会員、鉄道友の会、そして栗原　久氏を始め多数の皆様方のご教示と資料、写真の提供をいただきました。100形の40年間をこの様なかたちで綴る事が出来ましたこと、心から御礼申し上げます。

　　　　　宮田道一（東横車輌電設㈱技師長）
　　　　　杉山裕治（㈱エム・アール、129Crix）

去り行く100形を記録するために大勢のファンが集まった〈南伊豆〉号の復活運転。100形が40年余にわたる活躍に終止符を打ったのは、この8ヶ月後、2002年4月のことであった。
2001.8.26　伊豆急下田　P：杉山裕治